中国书籍国学馆

全四卷 第二卷

颜氏家训

《中国书籍国学馆》编委会 编

中国书籍出版社
China Book Press

慕贤第七

古人云：『千载一圣，犹旦暮也；五百年一贤，犹比髆也。』言圣贤之难得，疏阔如此。倘遭不世明达君子，安可不攀附景仰之乎？吾生于乱世，长于戎马，流离播越，闻见已多；所值名贤，未尝不心醉魂迷向慕之也。

译文 古人说：『一千年出一位圣人，就好像早晚之间就出现一位圣人；五百年出一位贤人，就好像贤人一位接着一位出现一样。』意思是讲圣人、贤人是如此稀少难得，相隔那么长时间才出现一位。因此，假如遇上世间所少有的明达君子，怎么能不亲近仰慕他呢！我出生在乱世，成长于兵荒马乱之中，颠沛流离，见闻已多，遇上名流贤士，没有不心醉魂迷地向往仰慕的。

人在年少，神情未定，所与款狎，熏渍陶染，言笑举动，无心于学，潜移暗化，自然似之；何况操履艺能，较明易习者也？是以与善人居，如入芝兰之室，久而自芳也；与恶人居，如入鲍鱼之肆，久而自臭也。墨翟悲于染丝，是之谓矣。君子必慎交游焉。孔子曰：『无友不如己者。』颜、闵之徒，何可世得！但优于我，便足贵之。

译文 人在年少的时候，精神意态还未定型，和圣贤之士交往亲密，就会受到人家的熏渍陶染，人家的言行举止，即使无心去学习，也会在潜移默化中与之相近，更何况这操行技能，是更为明显易学的东西呢！所以和善人在一起，就好像进入养育芝兰的花房，时间一久自然就芬芳；若是

和恶人在一起，就好像进入放满鲍鱼的房间，时间一久自然就腥臭。墨子看到染丝的情况，感叹说：『丝染在什么颜色里就会变成什么颜色。』说的也是这个道理。所以君子在交友方面必须谨慎。孔子说：『不要和不如自己的人做朋友。』像颜回、闵损那样的圣贤之人，是不常有的，但凡人有胜过我的地方，那就很值得我去敬重他。

世人多蔽，贵耳贱目，重遥轻近。少长周旋，如有贤哲，每相狎侮，不加礼敬；他乡异县，微借风声，延颈企踵，甚于饥渴。校其长短，核其精粗，或彼不能如此矣。所以鲁人谓孔子为东家丘，昔虞国宫之奇，少长于君，君狎之，不纳其谏，以至亡国，不可不留心也。

译文 世上的人大多有一种偏见，即相信听到的，轻视自己亲眼看到的；重视过去的和遥远的，轻视现在的和身边的。从小到大常往来的人中，如果有人成了贤士哲人，也往往轻慢对方，对他缺少礼貌尊敬。而对外地的人，稍稍有些名气，就会伸长脖子、踮起脚跟，如饥似渴地想见一见，巴望与他结交。其实要是真正比较二者的短长，审察二者的优劣，也许远处的圣人还不如身边的贤人呢！或者正是出于这种心理，鲁人对孔子才不够敬重，随随便便地叫他『东家丘』。从前虞国的宫之奇，从小生长在虞君身边，虞君对他很随便，对他也很轻视怠慢，听不进他的劝谏，最后导致国家灭亡，这样的教训真不能不留心啊！

用其言，弃其身，古人所耻。凡有一言一行，取于人者，皆显称之，不可窃人之美，以为己力；虽轻虽贱者，必归功焉。窃人之财，刑辟之所处；窃人之美，鬼

神之所责。

译文 采纳一个人的主张，却不去厚待这个人，古人认为这是非常可耻的。哪怕是一句话，或一个举措，只要是从别人那里学来的，都应该说明来历，公开弘扬，决不能掠人之美，当成是自己的；即使那个人地位低下，身份卑微，也要把功劳归还给他。盗窃他人的财物，会受到刑律的惩罚；而盗窃他人的功绩，则会受到鬼神的惩罚。

梁孝元前在荆州，有丁觇者，洪亭民耳，颇善属文，殊工草隶；孝元书记，一皆使之。军府轻贱，多未之重，耻令子弟以为楷法，时云：『丁君十纸，不敌王褒数字。』吾雅爱其手迹，常所宝持。孝元尝遣典签惠编送文章示萧祭酒。

译文 梁孝元帝从前在荆州时，有个叫丁觇的，只是洪亭地方的普通百姓，很会做文章，尤其擅长写草书、隶书，孝元帝的往来书信，全都由他抄写。可是，军府里却有人看不起他，不愿让自己的子弟模仿学习他的书法，还说什么『丁君写的十张纸，比不上王褒几个字』。我是一向喜爱丁觇的书法的，还经常加以珍藏。后来，梁孝元帝派掌管文书的惠编送文章给祭酒官萧子云看。

祭酒问云：『君王比赐书翰，及写诗笔，殊为佳手，姓名为谁？那得都无声问？』编以实答。子云叹曰：『此人后生无比，遂不为世所称，亦是奇事。』于是闻者少复刮目。稍仕至尚书仪曹郎，末为晋安王侍读，随王东下。及西台陷殁，简牍湮散，丁亦寻卒于扬州；前所轻者，后思一纸，不可得矣。

译文 萧子云问道：『君王刚才所赐的书信，还有所写的诗笔，真出于好手，此人姓甚名谁，怎么会毫无名声？』惠编如实回答。萧子云叹道：『此人在后生中没有谁能比得上，却不为世人称道，也算是奇怪的事情了！』听到这话的人从此以后方对丁觇刮目相看，丁觇的官职也逐步升到尚书仪曹郎，后来又担任晋安王的侍读，随王东下。到元帝被杀西台陷落的时候，书信文件散失埋没，丁觇不久也死于扬州。以前那些轻视丁觇的人，后来想要丁觇的手迹也不可得了。

侯景初入建业，台门虽闭，公私草扰，各不自全。太子左卫率羊侃坐东掖门，部分经略，一宿皆办，遂得百余日抗拒凶逆。于时，城内四万许人，王公朝士，不下一百，便是恃侃一人安之，其相去如此。古人云：『巢父、许由，让于天下；市道小人，争一钱之利。』亦已悬矣。

译文 侯景刚进入建康（南京）时，城门紧闭，但即使这样，城内的官员和普通百姓还是一片混乱，人人不得自保。太子左卫率羊侃坐镇东掖门，部署策划防守事务，一夜之间就将其准备齐备，因此，才得以抗拒凶逆到一百多天。当时，城里有四万多人，王公朝官，不下一百多人，却就凭着羊侃一个人才使局势安定下来，其间才能的高下相差如此可见。古人说：『巢父、许由，把天下让给别人；而市道小人，却为一钱之利争执不休。』这里，人与人之间的悬殊差异就更大了。

齐文宣帝即位数年，便沉湎纵恣，略无纲纪；尚能委政尚书令杨遵彦，内外清谧，朝野晏如，各得其所，物无异议，终天保之朝。遵彦后为孝昭所戮，刑政于是

衰矣。斛律明月，齐朝折冲之臣，无罪被诛，将士解体，周人始有吞齐之志，关中至今誉之。此人用兵，岂止万夫之望而已哉！国之存亡，系其生死。

譯文 齐文宣帝即位几年，就开始沉迷酒色，放纵恣肆，法纪全无。但他还能把政事委托给尚书令杨遵彦处理，才使得内外安定，朝野安然，大家各得其所，而无异议，保全了天保一朝。杨遵彦后来被孝昭帝所杀，国家的刑政于是衰弱废弛了。斛律明月是齐朝抵御敌人的将帅功臣，却无罪被杀，将士因此人心离散，北周才有了灭北齐的想法。关中人民到现在还称颂这位斛律明月。这个人的用兵，又岂止是千军万马众望所归！他的生死，关系到国家的存亡命运。

张延隽之为晋州行台左丞，匡维主将，镇抚疆场，储积器用，爱活黎民，隐若敌国矣。群小不得行志，同力迁之；既代之后，公私扰乱，周师一举，此镇先平。齐亡之迹，启于是矣。

譯文 张延隽在任晋州行台左丞时，对主将严格管理扶持，固守国界边疆，广储物资，爱惜百姓，使晋州强大的足足像一个国家。但是，他遭到一些卑鄙小人的大力排挤，因为张延隽使这些卑鄙小人不能随心所欲；以至于后来，张延隽被取代了，紧接着晋州上下稳定的局面被打破，北周一举兵，晋州就被扫平了。自此齐朝就开始败亡了。

品讀 颜氏在此篇中根据古人的说法，结合自己的亲身体验，告诉子孙：圣贤之人实属难得，最重要的是要有慕贤之心、敬贤之情。之所以要这么做，是因为颜氏懂得这样一条重要的教育原理，即环境在教育中

的重要作用，提醒家长要特别注意客观环境对子女的影响。中国有句古训：『近朱者赤，近墨者黑』，颜氏从中引申出交友必须慎重的道理，告诫子孙要注意选择良师益友。

中国历史上较早懂得环境对个人成长具有重要的作用的人当属孟子的母亲了。孟子幼年丧父，由母亲独自培养，母亲靠给人家纺纱织布维持家计，母子俩过着清贫的生活。即使在这样的条件下，孟母都没有放松过对儿子的教育，为了使儿子有一个良好的学习环境，她三次迁居。

孟子年幼时家住在凫村的一片墓地附近。他经常和小伙伴们去看出殡埋葬死人，回村后，便和小伙伴们一起堆土坟，学打幡、抱罐，还学死者亲属的各种哭法。有的悲切凄楚，感天动地；有的明哭暗笑，掩人耳目；有的幸灾乐祸，假情假意。母亲看到这种情况，感到在此居住下去对孩子的成长极为不利，于是搬到邹国中心去住。没想到新居靠近集市，孟子经常到集市上去玩，他听到的是各种叫卖声，看到的是行商坐贾竞相牟利的各种行径，慢慢地也羡慕起做买卖、挣大钱来。他经常和小伙伴们玩做生意耍花招的游戏，看谁骗得了谁。母亲目睹儿子的作为，担心儿子学坏，终日吃不好，睡不安。她觉得在这样的环境里生活下去，儿子必然变成一个见钱眼开、唯利是图的人。孟母感叹地说：『这也不是我儿应住的地方啊！』于是孟母决定再次搬家。孟母经过选择把家搬到一所学校附近。这里环境幽静，又能常常听到琅琅的读书声，看到师生们彬彬有礼的文明之举。这里的环境使孟子产生了学习的兴趣。看到这些，孟母满意地说：『这才是我们居住的好地方。』从此，孟家便在那里安居下来。孟子到了新的学习环境中，进步很快。从此，他专心读书，持之以恒，终于成了我国历史上一位杰出的思想家、教育家，被称为『亚圣』。

故事中的孟母和文章的作者颜氏都能看到环境对孩子成长的影响，无论是自然环境还是人文环境，都会对一个人产生重大的影响。颜氏指出：人在幼年时，『神情未定』，很容易学习模仿周围人，很容易受到别人的『熏渍陶染』，而这种影响又是一个『潜移默化』的过程。就像他在文中说的那样：『与善人居，如入芝兰之室，久而自芳也；与恶人居，如入鲍鱼之肆，久而自臭也。』就是说，与好人相处时间长了，就会因受其影响而逐渐变好；与坏人相处时间长了，就会因受其影响而逐渐变坏。因此才教育子弟要对贤人有敬慕之情，并且颜氏还主张对贤人要抛弃一切偏见，不仅要礼敬远贤，而且要礼敬近贤；不仅要仰慕古代圣贤，而且要仰慕当代贤才。如此一来，孩子就会在有意无意间学习效仿贤人的做法，向着贤人的方向发展。

英国的塞缪尔·斯迈尔斯也说过：『与优秀的人交往，就会从中吸取营养，使自己得到长足的发展；相反地，如果与恶人为伴，那么自己必定遭殃。』拉伯雷在谈到对其作品《巨人传》里的巨人的教育时说：『与品格高尚的人住在一起，你会感觉到自己也在其中受到了升华，自己的心灵也被他们照亮。』西班牙一句谚语也说：『和豺狼生活在一起，你也会学会嗥叫。』这些都说明了环境对一个人成长的重要作用。

看看古人，再想想我们今天的有些家长，不要说像孟母那样担心居住环境会对孩子造成不好的影响，也不要说像颜氏那样教育孩子要选择良师益友，连最起码的家庭环境都不能做到对孩子的成长有利。有些父母言行举止粗鲁无礼，互相争吵成风，牌友聚集，等等，这种环境中成长起来的孩子当然也往往出言不逊，蛮不讲理，不思进取。一位古希腊人曾说过这样一句话：『如果你让奴隶去教育你的孩子，那么，你得到的就不再是一个奴隶，而是两个奴隶。』日本教育家铃木镇也曾这样说：『在语言的环境里学习语言，在音乐的环境里学习音乐。』而作家瞿秋白是在母亲为他讲故事、诵唐诗的氛围中成长的。大师陈寅恪是在翰墨书香中筑成大器的。冰心的童年一直沐浴在爱的家庭氛围中，因此形成了她善良文雅的性格。其他如司马迁、王献之等很多有成就的人的家庭环境亦是如此。

蓬生麻中，不扶自直。当一个人年轻时，正是受外界影响最大的时候，要谨慎地选择正直优秀的朋友，其后带来的教益是无法用金钱衡量的。反之，如果受到不良的熏陶、诱惑，其后果甚至是一生都无法改变的。

此外，颜氏还提出了在今天看来依然是具有现实意义的问题，那就是对于『窃人之财』和『窃人之美』的批判。认为无论是什么，哪怕是一句言论或是一种美德，只要是从别人那里学来的，就要说明来历，决不可把别人的东西占为己有，否则都是不光彩的。这个观点至今读起来还是具有新鲜感，因为它具有现实的针对性。当今社会，剽窃成风，就连学术界都未能幸免。而作为一个有修养的人，是无论如何都不会这么做的。

最后，颜氏还告诫子孙不要被世俗的眼光所左右了，要子孙不但有慕贤之心，而且有识贤之眼，不然就很可能会与贤人失之交臂。这一点在今天显得更为重要。所谓『千里马常有而伯乐不常有』，在各行各业的竞争都趋于白炽化的今天，最重要的是人才的竞争，一个人如果没有识别人才的慧眼，怎么知道该向谁学习呢？一个决策者如果没有识别人才的慧眼，还能利用什么来发展自己呢？如此一来，想在激烈的竞争中立于不败之地岂不成了天方夜谭？

勉学第八

自古明王圣帝，犹须勤学，况凡庶乎！此事遍于经史，吾亦不能郑重，聊举近世切要，以启寤汝耳。士大夫子弟，数岁已上，莫不被教，多者或至《礼》《传》，少者不失《诗》《论》。及至冠婚，体性稍定，因此天机，倍须训诱。有志尚者，遂能磨砺，以就素业；无履立者，自兹堕慢，便为凡人。

译文 自古以来的贤王圣帝都必须勤奋学习，更何况是普通人呢！这类事情在经籍史书中随处可见，我也不能一一列举，只举近世重要的事例来启发提醒你们吧。士大夫子弟，几岁以后，没有不受教育的，多的读到《礼记》《春秋》左传，少的也起码读了《诗经》和《论语》。到了加冠成婚的年纪，体质性情逐渐定型，这时更要凭着这天赋的机灵，加倍教训诱导。有志向的人，就能经受磨炼，成就事业；而那些没有志向、缺乏毅力的人，从此怠惰，就会成为平庸之人。

人生在世，会当有业：农民则计量耕稼，商贾则讨论货贿，工巧则致精器用，伎艺则沈思法术，武夫则惯习弓马，文士则讲议经书。多见士大夫耻涉农商，差务工伎，射则不能穿札，笔则才记姓名，饱食醉酒，忽忽无事，以此销日，以此终年。或因家世余绪，得一阶半级，便自为足，全忘修学；及有吉凶大事，议论得失，蒙然张口，如坐云雾；公私宴集，谈古赋诗，塞默低头，欠伸而已。有识旁观，代其入地。何惜数年勤学，长受一生愧辱哉！

译文 人生在世，应当有自己所专门从事的职业：农民则商议耕稼，商人则讨论货财，工匠则精造器用，懂技艺的人则考虑方法技术，武夫则练习骑马射箭，文士则研究议论经书。然而总有一些士大夫既不涉足农商，也不从事工技，并以此为耻。射箭则不能射穿最外层的铠甲，动笔则只会读写他自己的姓名，终日吃喝玩乐，无所事事，空虚无聊，以此来打发日子，终尽天年。有的凭家世余荫，弄到一官半职，就自以为是，不思进取，全忘学习。遇到重大事件，议论得失，他们就昏昏然张口结舌，像坠入云雾之中。在参加官府或私人的宴会时，别人谈古赋诗，他却或沉默低头，或打呵欠伸懒腰。那些有见识的人在一旁看到，都替他羞愧得恨不得找个地缝钻进去。他们当初为什么不愿用几年时间刻苦学习，而要一辈子长时间受羞辱呢？

梁朝全盛之时，贵游子弟，多无学术，至于谚云：『上车不落则著作，体中何如则秘书。』无不熏衣剃面，傅粉施朱，驾长檐车，跟高齿屐，坐棋子方褥，凭斑丝隐囊，列器玩于左右，从容出入，望若神仙。明经求第，则顾人答策；三九公宴，则假手赋诗。当尔之时，亦快士也。及离乱之后，朝市迁革，铨衡选举，非复曩者之亲；当路秉权，不见昔时之党。

译文 全盛时期的梁朝，贵族子弟多数不学无术，以至当时流传这样一句话：『上车不掉下来的，就可以成为著作郎了；提笔能写形体如何的，就可以当秘书郎了。』他们个个用香草熏衣，修鬓剃面，涂脂抹粉，出入也都是乘坐一种长檐车，穿的都是高跟齿屐，坐的都是织成方格图案的方形坐褥，靠的都是杂色背靠垫。他们的双手都拿着玩赏的物品，进进出出，从容悠闲，远远看过去，好像神仙一样。到了该考取功名时，就雇人去考；参加三公九卿的宴会，又假借他人的诗词。那时，他们也挺像名士。但是一旦动乱爆发，改朝换代后，掌管考核和朝政大权的人已经不是自己从前的亲朋好友了。

求诸身而无所得，施之世而无所用。被褐而丧珠，失皮而露质，兀若枯木，泊若穷流，孤独戎马之间，转死沟壑之际。当尔之时，诚驽材也。有学艺者，触地而安。自荒乱已来，诸见俘虏。虽百世小人，知读《论语》《孝经》者，尚为人师；虽千载冠冕，不晓书记者，莫不耕田养马。以此观之，安可不自勉耶？若能常保数百卷书，千载终不为小人也。

译文 而此时，他们就是想自力更生，也没有什么能力；想出人头地，也拿不出什么本领。他们只能身着粗布麻衣，没有了怀中的珠宝和华丽的外表，露出了本来的真面目，就好比是没有树叶的枯木，没有流水的河流。在兵荒马乱中颠沛流离，于沟壑之间辗转丧命。此时，他们成了绝对的蠢材，而那些有真才实学的，就能随遇而安。自从兵荒马乱以来，我看过很多俘虏，即使他们世代是平民百姓，但因他们是知读《论语》和《孝经》的人，所以还能给别人当老师；即使是当了一辈子官的，因为他们不懂得读书写字，最终还是会沦为耕田养马的平民。所以，人们怎么可以不奋发图强，刻苦学习呢？如果人能经常识有几百卷书，那么即使时代再变迁，他也不会沦为低下的小人。

夫明《六经》之指，涉百家之书，纵不能增益德行，敦厉风俗，犹为一艺，得以自资。父兄不可常依，乡国不可常保，一旦流离，无人庇荫，当自求诸身耳。谚

曰：『积财千万，不如薄技在身。』伎之易习而可贵者，无过读书也。

譯文 通晓六经的要旨，博览诸子百家的著作，即使不能增广个人的德行，改变社会风气，但总算是掌握了一门技艺，可以用来自谋生路。父亲和兄长是不能长期依靠的，家乡也不能永远保佑你安全无事。一旦被迫颠沛流离，无人能庇护你的时候，就只有依靠自己了。俗语说：『积财千万，不如薄技在身。』所有技艺当中最容易学会而又值得推崇的当然非读书莫属了。

世人不问愚智，皆欲识人之多，见事之广，而不肯读书，是犹求饱而懒营馔，欲暖而惰裁衣也。夫读书之人，自羲、农已来，宇宙之下，凡识几人，凡见几事，生民之成败好恶，固不足论，天地所不能藏，鬼神所不能隐也。

譯文 世人无论愚蠢还是聪明，都希望自己见多识广，但却又不肯用功读书，这就像想要吃饱饭却又不想自己动手去做，想要穿衣服暖身却又懒怠去裁衣一样。那些读书的人，从伏羲、神农以来，天下所见之人，所识之事，他们都是懂得的。一般平民百姓的成败好坏，当然不用说了，就连天地万物之间蕴含的道理，鬼神之事也都无法逃过他们的眼睛。

有客难主人曰：『吾见强弩长戟，诛罪安民，以取公侯者有矣；文义习吏，匡时富国，以取卿相者有矣；学备古今，才兼文武，身无禄位，妻子饥寒者，不可胜数，安足贵学乎？』主人对曰：『夫命之穷达，犹金玉木石也；修以学艺，犹磨莹雕刻也。金玉之磨莹，自美其矿璞，木石之段块，自丑其雕刻；安可言木石之雕

刻，乃胜金玉之矿璞哉？不得以有学之贫贱，比于无学之富贵也。

译文 有位客人为难我，说：『我看到有人靠手持强弩长戟去讨伐叛逆，安抚百姓，来博取公侯之爵位；有人靠评析法度，扶邦强国，来博取卿相职位；但还有人虽博古通今，文武双全，却没见得到什么爵位俸禄，妻儿饥寒交迫，这样的人多得数不过来。既然这样，学习还有什么可贵之处呢？』我回答说：『一个人的命运好坏就好像是金玉与木石。钻研学问，掌握技艺，就好像琢磨金玉和雕刻木石。金玉经过琢磨，就比未经冶炼的金属更加美丽；木石经过雕刻就会比原来的精致漂亮。然而，这并不是说雕刻的木石比矿、璞更加美丽。因此，我们不应该把有学问的低下人与有学问的富贵人相比。

且负甲为兵，咋笔为吏，身死名灭者如牛毛，角立杰出者如芝草；握素披黄，吟道咏德，苦辛无益者如日蚀，逸乐名利者如秋荼，岂得同年而语矣。且又闻之：生而知之者上，学而知之者次。所以学者，欲其多知明达耳。必有天才，拔群出类，为将则暗与孙武、吴起同术，执政则悬得管仲、子产之教，虽未读书，吾亦谓之学矣。今子即不能然，不师古之踪迹，犹蒙被而卧耳。

译文 况且披上铠甲的兵士，操笔的小吏，身死名灭的人像牛毛一样多，而出名的人却像芝草一样少；刻苦读书的人，颂扬传播道德的人，辛苦而又无好处的人就像日食那样少见；而追名逐利的人却像秋天的茶花那样多。二者当然是不可同日而语的！更何况我又听说，人一生下来就先知先觉的为天才，通过学习才觉知的人则稍差一等。人之所以应该不间断地学习，就是为了多懂得一些道理，使自己明白通达。如果一定要说有天才的话，那么他就是出类拔萃的人。当将领的天生就具备孙武、吴起那样的本领；当宰相的天生就具备管仲、子产那样的素质，即使他们没有读过书，我也说他们是有学问的人。现在你们没有他们那样的本领和素质，如果再不向古人学习，那就好像是蒙在被子里睡觉一样，什么都不会知道了。

人见邻里亲戚有佳快者，使子弟慕而学之，不知使学古人，何其蔽也哉？世人但知跨马被甲，长矛强弓，便云我能为将；不知明乎天道，辨乎地利，比量逆顺，鉴达兴亡之妙也。但知承上接下，积财聚谷，便云我能为相；不知敬鬼事神，移风易俗，调节阴阳，荐举贤圣之至也。

译文 人们一看到邻里乡亲中有地位显赫的优秀之人，就让子弟向他们学习，而不知道让子弟向古人学习，这是一种很不明智的行为。世上的人只知道当将军的能跨骏马，披铠甲杀敌，能举长枪、拉长弓，于是便认为自己只要具备了这些能力就可以做将军了，殊不知，做将军还得懂得天文地理，还得会估量形势的优劣，还要能洞察国家兴亡等。只知道做宰相能承接皇上的旨意，下达任务，指挥官员积财聚谷，于是便认为自己只要具备了这些能力就可以做宰相了，殊不知，做宰相还要知道敬奉鬼神，要懂得移风易俗，要有能力调节阴阳五行，还要会保荐推举贤能之人等种种周密的工作。

但知私财不入，公事夙办，便云我能治民；不知诚己刑物，执辔如组，反风灭火，化鸱为凤之术也。但知抱令守律，早刑晚舍，便云我能平狱；不知同辕观罪，

分剑追财，假言而奸露，不问而情得之察也。爱及农商工贾，厮役奴隶，钓鱼屠肉，饭牛牧羊，皆有先达，可为师表，博学求之，无不利于事也。

译文　只知道当地方官的不能收敛私财，公事及早办理，以为自己能做到这些就可以治民了，殊不知，还要端正自己，还要让自己成为别人的楷模，还要了解治理百姓就好像驾马车一样，还要具备止风灭火、化恶为善的能力，等等。只知道管司法的要谨守法律，早刑晚赦，以为自己具备了这些就可以平冤狱讼了，殊不知，管司法还要同辕观罪，还要分剑追财，还要会种种策略以假言诱使奸诈者暴露，不需反复查审就能洞察案情等种种能力。依此类推，农贾工商、奴仆、厮役、渔夫、屠户、喂牛的、放羊的等，都不乏杰出之士，凡是优秀的就都可以作为学习的榜样。广博地向他们学习，对你们的事业是有很大帮助的。

夫所以读书学问，本欲开心明目，利于行耳。未知养亲者，欲其观古人之先意承颜，怡声下气，不惮劬劳，以致甘嫩，惕然惭惧，起而行之也；未知事君者，欲其观古人之守职无侵，见危授命，不忘诚谏，以利社稷，恻然自念，思欲效之也；素骄奢者，欲其观古人之恭俭节用，卑以自牧，礼为教本，敬者身基，瞿然自失，敛容抑志也；素鄙吝者，欲其观古人之贵义轻财，少私寡欲，忌盈恶满，赒穷恤匮，赧然悔耻，积而能散也；素暴悍者，欲其观古人之小心黜己，齿弊舌存，含垢藏疾，尊贤容众，苶然沮丧，若不胜衣也；素怯懦者，欲其观古人之达生委命，强毅正直，立言必信，求福不回，勃然奋厉，不可恐慑也；历兹以往，百行皆然。

译文　读书和做学问，都是为了明达事理，博闻强识，这样有利于自己的行为举止。那些不想奉养父母的人，就要让他们学会古人那样的先意承颜，轻声细气，不辞劳苦地侍奉，让父母吃美味佳肴。如此一来，这些人就会感到愧疚，便会每日自觉地那样做；那些不懂侍奉君主的人，就要让他们看到古人如何尽忠职守，怎样见危舍身，不顾一切尽忠进谏，以有利于国家和社稷，要让他们反思并仿效；那些向来奢侈骄横的人，要让他们看到古人的节俭谦卑，洁身自好，以礼为教，以敬为基，使他们觉察出自己的行为有失，从而使他们收敛并抑制自己的骄奢心态；那些一向自私小气的人，要让他们看到古人的重义轻财，不贪图私利，自谦，扶贫济困，从而使他们悔改，逐渐学会广积钱财以周济他人；那些向来暴躁骄傲的人，要让他们看到古人的小心翼翼，说话有分寸、宽厚大度，尊重爱戴下士并广纳贤才，让他们受到刺激，削弱他们的嚣张气焰，使他们学会谦恭礼让；那些胆小懦弱的人，要让他们看到古人的任天由命，刚毅正直、言行有信，祈求福分而又不悖祖训，从而激励他们奋发图强。以此类推，其他一切也都是这个道理。

纵不能淳，去泰去甚。学之所知，施无不达。世人读书者，但能言之，不能行之，忠孝无闻，仁义不足；加以断一条讼，不必得其理；宰千户县，不必理其民；问其造屋，不必知楣横而棁竖也；问其为田，不必知稷早而黍迟也；吟啸谈谑，讽咏辞赋，事既悠闲，材增迂诞，军国经纶，略无施用。故为武人俗吏所共嗤诋，良由是乎！

译文　这样即使不能使风气完全变好，也能使那些极端不良的行为减少。学到的学问，随时随地都可以派上用场。然而如今的一些读书人，总是说空话，而不身体力行，不忠不孝又不仁义；更

何况审断一个诉讼，不一定就清楚其中的原理；作为一个县官，不一定能亲自过问百姓；造一栋屋子，不一定明白横的是楣而竖的是棁；至于种田，他们也不一定清楚先种稷而后种黍。他们懂得的只是吟咏作乐，写诗作赋等悠闲自在的事情，只会增添荒诞的事情，而不具备经国济世的本领。所以，这些人遭到一些军士胥吏的诋毁、讥讽和嗤笑，也是在所难免的。

夫学者所以求益耳。见人读数十卷书，便自高大，凌忽长者，轻慢同列；人疾之如仇敌，恶之如鸱枭。如此以学自损，不如无学也。

译文 学习是为了有所收获，增长见识。但也看到有些人刚刚读了十几卷书，就骄傲自满，夜郎自大，轻怠长者，更看不起同辈。人们对这样的人也很憎恨厌恶，就像憎恨仇敌和厌恶不祥之鸟一样。像这样因为有了一点学问反而给自己带来损害，那还不如没有学问呢？

古之学者为己，以补不足也；今之学者为人，但能说之也。古之学者为人，行道以利世也；今之学者为己，修身以求进也。夫学者犹种树也，春玩其华，秋登其实；讲论文章，春华也；修身利行，秋实也。

译文 古代的学者学习是为了自己，目的是弥补自己的不足；如今的人学习是为了别人，只求能说会道以哗众取宠。古人为别人学习，其目的是为了实践真理从而造福社会；今人为自己学习，其目的是为了抬高自己的身价以谋取官禄。学习就像是种树，春天繁花似锦，秋天硕果累累；讨论文章，就好比观赏春花；修身养性有利于自己的言行，就好比收获秋实。

人生小幼，精神专利，长成已后，思虑散逸，固须早教，勿失机也。吾七岁时，诵《灵光殿赋》，至于今日，十年一理，犹不遗忘；二十之外，所诵经书，一月废置，便至荒芜矣。然人有坎壈，失于盛年，犹当晚学，不可自弃。孔子云：『五十以学《易》，可以无大过矣。』魏武、袁遗，老而弥笃，此皆少学而至老不倦也。

译文 人在幼小的时期，思想比较单一，精神容易集中；长大以后，思虑分散，学东西就不专注了。这就该早早教育，不要失掉机会。我七岁时候，诵读《灵光殿赋》，直到今天，每十年还要温习一次，并不曾忘记。二十岁以后，我所诵读的经书，只要搁置一个月，就会感到生疏。但如果年轻的时候因为某种原因不得志，耽误了学业，那么年纪大了还是可以而且是应该学的，不可以自暴自弃。孔子说过：『五十岁时学习《易经》就可以没有大的过失了。』曹操、袁遗也曾说过，人到老年就更该专心致志地学习，这都是从小好学而到老了仍孜孜不倦。

曾子七十乃学，名闻天下；荀卿五十，始来游学，犹为硕儒；公孙弘四十余，方读《春秋》，以此遂登丞相；朱云亦四十，始学《易》《论语》；皇甫谧二十，始受《孝经》《论语》：皆终成大儒，此并早迷而晚寤也。世人婚冠未学，便称迟暮，因循面墙，亦为愚耳。幼而学者，如日出之光；老而学者，如秉烛夜行，犹贤乎瞑目而无见者也。

译文 曾参七十岁才开始学习，后来却名闻天下；荀卿五十岁才开始外出游学，最终成为儒家大

师；公孙弘四十多岁才读《春秋》，从此就做上了丞相；朱云也到四十岁才学《易经》和《论语》；皇甫谧二十岁才学《孝经》和《论语》，他们后来都成了大师级的学问家，他们都是早年时不用功到晚年才醒悟，并立志成才的人。世人总认为如果到了结婚、加冠的年龄还没有开始学习的话，就太晚了，于是就这样干脆一直拖延而致失学，这实在是太愚蠢了。幼年好学，就像太阳刚升起时光芒万丈；老年好学，就好像手持蜡烛行走在夜里，这总比闭上眼睛什么也看不见的人要好很多。

学之兴废，随世轻重。汉时贤俊，皆以一经弘圣人之道，上明天时，下该人事，用此致卿相者多矣。末俗已来不复尔，空守章句，但诵师言，施之世务，殆无一可。故士大夫子弟，皆以博涉为贵，不肯专儒。梁朝皇孙以下，总丱之年，必先入学，观其志尚，出身已后，便从文史，略无卒业者。

譯文 学习风气是否浓厚，取决于社会是否重视知识的实用性。汉代的贤能之士，都能凭一种经术来弘扬圣人之道，上通天文，下知人事，以此获得卿相官职的人很多。末世清谈之风盛行以来，读书人拘泥于章句，只会背读老师的话，而这些对于谋生处事来讲，没有能用得上的。所以后来士大夫的子弟，都讲究广泛涉足各种典籍，不肯专守章句。梁朝贵族子弟，在童年时代，就先让他们入国学，观察他们的志向与崇尚，等走上仕途后，就做文吏的事情，很少有人将学业坚持到最后。

冠冕为此者，则有何胤、刘瓛、明山宾、周舍、朱异、周弘正、贺琛、贺革、

萧子政、刘绦等，兼通文史，不徒讲说也。洛阳亦闻崔浩、张伟、刘芳，邺下又见邢子才：此四儒者，虽好经术，亦以才博擅名。如此诸贤，故为上品，以外率多田野闲人，音辞鄙陋，风操蚩拙，相与专固，无所堪能，问一言辄酬数百，责其指归，或无要会。

译文 世代当官而又从事经学的，则有何胤、刘瓛、明山宾、周舍、朱异、周弘正、贺琛、贺革、萧子政、刘绦等人，他们都兼通文史，不只是会讲解经术。我也听说在洛阳的有崔浩、张伟、刘芳，在邺下又见到邢子才，这四位儒者，不仅喜好经学，也以文才博学闻名。像这样的贤士，自然可视之为上品。此外，大多数是村夫，言语鄙陋，举止粗俗，没有节操，与人相处，固执武断，什么能耐都没有，问一句就得回答几百句，问他其中的主旨和意向是什么，他又不得要领。

邺下谚曰：『博士买驴，书券三纸，未有驴字。』使汝以此为师，令人气塞。孔子曰：『学也禄在其中矣。』今勤无益之事，恐非业也。夫圣人之书，所以设教，但明练经文，粗通注义，常使言行有得，亦足为人；何必『仲尼居』即须两纸疏义，燕寝讲堂，亦复何在？以此得胜，宁有益乎？光阴可惜，譬诸逝水。当博览机要，以济功业；必能兼美，吾无间焉。

译文 邺下有俗谚说：『博士买驴，写了三张契约，没有一个「驴」字。』如果让你们拜这种人为师，肯定会被他气死的。孔子说过：『好好学习，俸禄就在其中。』现在有人只在无益的事上耗费力气，恐怕不算正业吧！圣人的典籍，是用来教化人的，只要熟悉经文，粗通注文的意思，那就经常能使自己的言行举止得当，也足以立身做人了。何必对经书中『仲尼居』三个字，非要用上两张纸的注释，去弄清楚究竟『居』是在闲居的内室还是在讲习经术的厅堂，这样就算讲对了，这一类的争议又有什么意义呢？争个谁高谁低，又有什么益处呢？光阴似箭，应该珍惜，它像流水一样，一去不复还。应当博览经典著作之精要，用来成就功名事业，假如你们能做到博览和专注并重，那样我自然也就没必要再说什么了。

俗间儒士，不涉群书，经纬之外，义疏而已。吾初入邺，与博陵崔文彦交游，尝说《王粲集》中难郑玄《尚书》事。崔转为诸儒道之，始将发口，悬见排蹙，云：『文集只有诗赋铭诔，岂当论经书事乎？且先儒之中，未闻有王粲也。』崔笑而退，竟不以《王粲集》示之。

译文 世俗的儒生，不博览群书，除了研读经书、纬书以外，只看注解儒家经术的著作而已。我初到邺下的时候，和博陵的崔文彦有交往，曾对他讲起《王粲集》里有驳难郑玄所注《尚书》的地方。崔文彦转向儒生们讲述这个问题，刚一开口，便被他们凭空训斥，说什么：『文集里只有诗、赋、铭、诔，难道还会有论及经书的问题吗？何况在先儒之中，也没听说有个王粲。』崔文彦含笑而退，终于没把《王粲集》给他们看。

魏收之在议曹，与诸博士议宗庙事，引据《汉书》，博士笑曰：『未闻《汉书》得证经术。』收便忿怒，都不复言，取《韦玄成传》，掷之而起。博士一夜共披寻之，达明，乃来谢曰：『不谓玄成如此学也。』

【译文】魏收在议曹的时候，和几位博士议论宗庙的事，他引《汉书》做论据，博士们笑道：『没有听说《汉书》可以用来论证儒家经术的。』魏收很生气，不再说什么，拿出《汉书·韦玄成传》丢在他们面前就转身走了。博士们用了一通宵来把这本书翻阅完，到了天亮，就到魏收处致歉道：『没想到韦玄成还有这样的学问啊！』

夫老、庄之书，盖全真养性，不肯以物累己也。故藏名柱史，终蹈流沙，匿迹漆园，华辞楚相，此任纵之徒耳。何晏、王弼，祖述玄宗，递相夸尚，景附草靡，皆以农、黄之化，在乎己身，周、孔之业，弃之度外。而平叔以党曹爽见诛，触死权之网也；辅嗣以多笑人被疾，陷好胜之阱也；山巨源以蓄积取讥，背多藏厚亡之文也；夏侯玄以才望被戮，无支离拥肿之鉴也；荀奉倩丧妻，神伤而卒，非鼓缶之情也；王夷甫悼子，悲不自胜，异东门之达也；嵇叔夜排俗取祸，岂和光同尘之流也；郭子玄以倾动专势，宁后身外己之风也；阮嗣宗沈酒荒迷，乖畏途相诫之譬也；谢幼舆赃贿黜削，违弃其余鱼之旨也：彼诸人者，并其领袖，玄宗所归。其余桎梏尘滓之中，颠仆名利之下者，岂可备言乎！

【译文】老子和庄子的著作，强调保全本性，不肯使身外之物拖累自身。所以，老子隐姓埋名在周朝担任柱下史，最后埋迹于沙漠；庄子隐身为漆园小吏，最后也拒绝出任楚相。这是因为他们都是不想受约束、喜欢自由自在的人罢了。之后，何晏、王弼效仿前人，解说道家的精义，宣扬老、庄之学，当时的人如影随形，如草随风，都以神农、黄帝的教化来装饰自己，而把周公、孔子置之度外。然而何晏因为党附曹爽而被杀，这是死在了贪欲上；王弼因为讥笑别人而招来嫉恨，落

入了好胜争强的陷阱；山涛为了蓄积财物而遭到讥讽，违背了聚敛越多丧失越多的古训。夏侯玄因为自己的才学名望而被杀害，因为他没有从支离和臃肿的大树得以自保的故事中吸取教训；荀粲的妻子死后，他也悲哀而死，这是缺乏庄子鼓盆而歌的通达情怀；王衍痛失幼子而悲痛不止，这是因为没有东门吴的潇洒豁达；嵇康因为排斥流俗而招来杀身之祸，哪是与世无争之人呢？郭象因声名显赫而最终走上了权势之路，也没有达到心甘情愿居于别人之后的境界；阮籍贪杯、荒诞迷乱，背离了险途应小心谨慎的古训；谢鲲因贪赃受贿而被罢免，违背了不该贪得无厌，而应节欲知足的宗旨。上述之人，都是玄学中人心所向的领袖人物。至于那些在尘世中被名利枷锁束缚了手脚和套住了身体的人，就更不必说了。

直取其清谈雅论，剖玄析微，宾主往复，娱心悦耳，非济世成俗之要也。洎于梁世，兹风复阐，《庄》《老》《周易》，总谓《三玄》。武皇、简文，躬自讲论。周弘正奉赞大猷，化行都邑，学徒选千余，实为盛美。元帝在江、荆间，复所爱习，召置学生，亲为教授，废寝忘食，以夜继朝，至乃倦剧愁愤，辄以讲自释。吾时颇预末筵，亲承音旨，性既顽鲁，亦所不好云。

【译文】他们只不过选取了老、庄书中的清谈雅论，剖析其中玄奥精妙，宾主相互问答，只求娱心悦耳，而不是一定有利于社会和风俗的事。梁朝的时候，风气又兴盛了起来，《庄子》《老子》和《周易》被总称为《三玄》。梁武帝和简文帝都亲自讲解评论。周弘正奉旨讲述玄学的大道理，此风气顿时影响了整个京城，门徒达到了数千人，盛况前所未有。梁元帝在江陵荆州时，也很热衷于讲习《三玄》，他召集学生，并亲自为他们讲解，都达到了夜以继日，废寝忘食的地步。更

甚的是，在他非常疲惫的时候，他也是用玄学来自我解愁解乏。那时，我有时也会陪在席末，聆听元帝的教诲，只是由于我有些愚笨，又不喜欢说教，所以收益并不是很明显。

齐孝昭帝侍娄太后疾，容色憔悴，服膳减损。徐之才为灸两穴，帝握拳代痛，爪入掌心，血流满手。后既痊愈，帝寻疾崩，遗诏恨不见太后山陵之事。其天性至孝如彼，不识忌讳如此，良由无学所为。若见古人之讥欲母早死而悲哭之，则不发此言也。孝为百行之首，犹须学以修饰之，况余事乎！

译文 北齐孝昭帝在母亲娄太后病重的时候，一直守在母亲身边侍奉，因操劳过度而面容憔悴，茶饭不振。当徐之才为太后针灸两穴位时，孝昭帝则在一边因为将拳头握得太紧而导致将指甲嵌入了掌心，也流了满手血。后来娄太后的病痊愈了，而孝昭帝却在不久后因病而逝，他在遗诏中说道，自己最遗憾的是不能为娄太后送终安葬，以尽最后的孝心。他天性就是这样孝顺，但却不懂忌讳到这样的地步，其根本原因是因为没有学习。倘若他能从书中读到古人那些讽刺为使自己能够痛哭尽孝而盼望母亲早死的人的记载，他就不会在遗诏中那样说了。所有德行中最重要的事情就是行孝，这种事情尚且需要通过学习去培养完善，更何况其他的事情呢？

梁元帝尝为吾说：『昔在会稽，年始十二，便已好学。时又患疥，手不得拳，膝不得屈。闲斋张葛帏避蝇独坐，银瓯贮山阴甜酒，时复进之，以自宽痛。率意自读史书，一日二十卷，既未师受，或不识一字，或不解一语，要自重之，不知厌倦。』帝子之尊，童稚之逸，尚能如此，况其庶士冀以自达者哉？

译文 梁元帝曾经对我说：『以前我在会稽的时候，只有十二岁，但那时却已经很喜欢学习了。当时我患有疥疮，手膝都不能活动自如。我在闲斋中挂上帷帐来遮挡苍蝇，一个人独坐，小银盆里装着山西甜酒，疼痛时就喝上几口以求暂时缓解。我自己随意地读一些史书，一天读了二十卷，当时也没有老师传授，即使有一个不懂的字，或者有一句不理解的话，都不会放过，严格要求自己，不知厌倦地研读。』梁元帝以帝王的尊重，孩童的闲逸，还能做到对学习这样用功呢，那么那些希望通过学习来追求功名利禄的普通读书人呢？

古人勤学，有握锥投斧，照雪聚萤，锄则带经，牧则编简，亦为勤笃。梁世彭城刘绮，交州刺史勃之孙，早孤家贫，灯烛难办，常买荻尺寸折之，然明夜读。孝元初出会稽，精选寮寀，绮以才华，为国常侍兼记室，殊蒙礼遇，终于金紫光禄。义阳朱詹，世居江陵，后出扬都，好学，家贫无资，累日不爨，乃时吞纸以实腹。

译文 古人非常勤奋好学，苏秦握锥刺股，文党投斧求学，孙康映雪夜读，车胤囊萤照书，儿宽带经而锄，温舒牧牛编简，用以写字，他们都十分勤奋好学。梁朝的彭城刘绮，是交州刺史刘勃的孙子，幼年丧父，家境贫困，无钱置办灯烛，就将荻草折断成尺把长，夜里点燃来照明读书。梁元帝刚开始到会稽做官的时候，精心选拔了一批同僚，刘绮很有才华，也被选任为湘东王府的常侍兼记室参军，受到梁元帝的器重，官至金紫光禄大夫。义阳的朱詹，祖居江陵，后来到了扬都。他刻苦好学，但因家境贫寒，常常没有饭吃，因而时常靠吞纸来充饥。

寒无毡被，抱犬而卧。犬亦饥虚，起行盗食，呼之不至，哀声动邻，犹不废

业，卒成学士，官至镇南录事参军，为孝元所礼。此乃不可为之事，亦是勤学之一人。东莞臧逢世，年二十余，欲读班固《汉书》，苦假借不久，乃就姊夫刘缓乞丐刺书翰纸末，手写一本，军府服其志向，卒以《汉书》闻。

譯文 寒冷的冬天因为没有被子，就抱着狗来取暖。狗也饿得无法忍受了，就跑到外面偷食，朱詹怎么喊都喊不回来，叫声之悲哀都令周围的邻居感到震惊，尽管这样，他也依然坚持苦读，最终成为大学士，官至镇南录事参军，并受到孝元帝的礼待。这是一般人所无法做到的，朱詹也是勤奋好学的人。东莞的臧逢世，当他二十多岁的时候就非常想读班固的《汉书》，但总是借不到，无奈之余，他就向姐夫刘缓乞求名片、信纸的边角，亲手抄录了一本。将军府中的人没有不佩服他的志气和毅力的，最后，臧逢世终于因研究《汉书》而闻名于世。

齐有宦者内参田鹏鸾，本蛮人也。年十四五，初为阍寺，便知好学，怀袖握书，晓夕讽诵。所居卑末，使役苦辛，进伺间隙，周章询请。每至文林馆，气喘汗流，问书之外，不暇他语。及睹古人节义之事，未尝不感激沉吟久之。吾甚怜爱，倍加开奖。后被赏遇，赐名敬宣，位至侍中开府。

譯文 北齐有个叫田鹏鸾的太监，原本是个粗人。十四五岁时，入宫做了宦官。那时，他就很爱读书，总是随身带着书本，随时诵读。尽管他当时地位十分卑下，差役也非常辛苦，但他还是总会抓住一些空闲时间，四处奔走，向人请教。每次到文林馆的时候，他都是上气不接下气，满头大汗，除了请教书上的知识外，都无空暇去说别的。他只要在书中读到古人重节操情义的事，都会

非常感动，且感慨良多。我对他十分怜爱，并加倍教导勉励他。后来他被皇上赏识，赐名敬宣，官至侍中开府。

后主之奔青州，遣其西出，参伺动静，为周军所获。问齐主何在，绐云：『已去，计当出境。』疑其不信，殴捶服之，每折一支，辞色愈厉，竟断四体而卒。蛮夷童丱，犹能以学成忠，齐之将相，比敬宣之奴不若也。

【译文】北齐后主逃往青州的时候，派敬宣的家奴去西边侦察动静，结果被北周的军队掳获。周军问他齐后主的下落，他欺骗周军说：『已经离开了，估计出了边境。』周军不相信他的话，于是就用刑罚殴打他，试图让他屈服。然而他的声色言语却总是随着刑罚的加重而愈加严厉，最后因四肢断裂而死。一个少数民族的孩子，都可以通过学习成为忠臣，然而事实上，北齐的许多将领恐怕都比不上敬宣的家奴吧。

邺平之后，见徙入关。思鲁尝谓吾曰：『朝无禄位，家无积财，当肆筋力，以申供养。每被课笃，勤劳经史，未知为子，可得安乎？』吾命之曰：『子当以养为心，父当以学为教。使汝弃学徇财，丰吾衣食，食之安得甘？衣之安得暖？若务先王之道，绍家世之业，藜羹缊褐，我自欲之。』

【译文】邺城被攻陷以后，我们被逼迁徙入关。大儿思鲁曾对我说：『我们在朝廷没有了禄位，家里也没有积财，那就应该多出力气干活，来供养家用。现在您督促我们学习，在经史上用苦工夫，

但您知道做儿子的能安心吗？』我教训他说：『做儿子的当然应当把奉养父母的责任放在心上，做父亲的更应当用自己所学的知识来教育孩子。如果叫你放弃学业而一意求财，即使是衣食丰足，我也吃不出甘美来，衣服穿在身上也不会感到温暖。如果从事于先正之道，继承了家业，就算是让我吃粗茶淡饭、穿粗布麻衣，我也心甘情愿。』

《书》曰：『好问则裕。』《礼》云：『独学而无友，则孤陋而寡闻。』盖须切磋相起明也。见有闭门读书，师心自是，稠人广坐，谬误差失者多矣。《穀梁传》称公子友与莒挐相搏，左右呼曰『孟劳』。『孟劳』者，鲁之宝刀名，亦见《广雅》。近在齐时，有姜仲岳谓：『「孟劳」者，公子左右，姓孟名劳，多力之人，为国所宝。』与吾苦诤。

【译文】《尚书》说：『好问则裕。』《礼记》上说：『独学而无友，则孤陋而寡闻。』由此看来，学习就应该彼此相互切磋，互相启发引导，才能将知识学得更透彻。我常看见有些人闭门读书，自命清高，却总在大庭广众下错误百出，谬语连篇。《穀梁传》中讲到公子友与莒挐搏斗，公子友的手下在一旁大声叫『孟劳』。所谓『孟劳』，是鲁国一宝刀的名称，《广雅》中也是这样讲的。前几天我在齐国的时候，遇到一个人叫姜仲岳，他却认为：『孟劳是公子友身边的人，姓孟名劳，并且力大无比，鲁国人都非常尊崇他。』为此，他和我苦苦争辩。

时清河郡守邢峙，当世硕儒，助吾证之，赧然而伏。又《三辅决录》云：『灵帝殿柱题曰：「堂堂乎张，京兆田郎。」』盖引《论语》，偶以四言，目京兆人田

凤也。有一才士，乃言：『时张京兆及田郎二人皆堂堂耳。』闻吾此说，初大惊骇，其后寻愧悔焉。江南有一权贵，读误本《蜀都赋》注，解『蹲鸱，芋也』，乃为『羊』字；人馈羊肉，答书云：『损惠蹲鸱。』举朝惊骇，不解事义，久后寻迹，方知如此。

譯文 当时，幸亏有当今的大学者清河郡守邢峙在场，他来帮我证实了孟劳的准确含义，姜仲岳这才面红耳赤地低头认输了。再比方说《三辅决录》上写：『灵帝宫殿的门柱上题有：「堂堂乎张，京兆田郎。」』这是引用《论语》中的话，而以四言两句一韵的方式，来品评京兆人田凤。但是有一学士却将这句话解释为：『当时的张京兆和田郎二人都是相貌堂堂的人。』听了我的解释后，他刚开始是非常惊讶，等明白过来后，就为此感到羞愧。江南有一位权贵，读了有很多错误的《蜀都赋》的注本，书中将『蹲鸱，芋也』的『芋』字错译成『羊』字。所以别人馈赠他羊肉时，他就回信答谢道：『感谢您赠我蹲鸱。』大家都很惊骇，搞不清他这到底是在用何典故。很长一段时间以后，才明白了事情的原委。

元氏之世，在洛京时，有一才学重臣，新得《史记音》，而颇纰缪，误反『颛顼』字，顼当为许录反，错作许缘反，遂谓朝士言：『从来谬音「专旭」，当音「专翾」耳。』此人先有高名，翕然信行；期年之后，更有硕儒，苦相究讨，方知误焉。《汉书·王莽赞》云：『紫色蛙声，余分闰位。』谓以伪乱真耳。昔吾尝共人谈书，言及王莽形状，有一俊士，自许史学，名价甚高，乃云：『王莽非直鸱目虎吻，亦紫色蛙声。』

譯文 元魏时，京都洛阳有一位博学多才而又身份显贵的大臣，新得到一本《史记音》，书中错漏百出，将『颛顼』的『顼』字注错了读音，『顼』字本作『许录反』，书中错为『许缘反』。他对朝中百官说：『人们历来将「颛顼」误读成「专旭」，其实应当读作「专翾」。』由于其名望很高，所以没有人对他的说法表示质疑。过了一年之久，另一大学者经苦心研究，才知道那位大臣读错了。《汉书·王莽赞》说：『紫色蛙声，余分闰位。』这句话意思说王莽以假乱真。以前我在和人一起谈论书籍时，曾经讨论到王莽的相貌，有一位自诩精通史学，名声和身价都很高的俊秀之士竟然说：『王莽不但长得虎嘴鹰目，而且胸色青紫，声音如蛙鸣。』

又《礼乐志》云：『给太官挏马酒。』李奇注：『以马乳为酒也，揰挏乃成。』二字并从手。揰挏，此谓撞捣挺挏之，今为酪酒亦然。向学士又以为种桐时，太官酿马酒乃熟。其孤陋遂至于此。太山羊肃，亦称学问，读潘岳赋『周文弱枝之枣』，为杖策之杖；《世本》『容成造历（繁体为歷）』，以历（繁体为歷）为碓磨之磨。

譯文 再如《汉书·礼乐志》说：『给太官挏马酒。』李奇在注解中说：『以马乳为酒，揰挏乃成。』揰挏二字都是『手』偏旁。所谓揰挏，这里指上下捣击、搅拌，现在做酪酒也是这样。然而刚才那位学士又认为李奇的注解的意思是说，要等种桐树的时候，太官酿造的马酒才熟。他的孤陋寡闻竟然到了这个地步。太山郡的羊肃，也称得上是有学问之人，但他却在读潘岳赋时，将『周文弱枝之枣』中『弱枝』的『枝』误作『杖策』的『杖』；《世本》中有『容成造历（繁体为歷）』这句话，他却把『历（繁体为歷）』字，当作碓磨的『磨』字。

谈说制文，援引古昔，必须眼学，勿信耳受。江南闾里间，士大夫或不学问，羞为鄙朴，道听途说，强事饰辞：呼征质为周、郑，谓霍乱为博陆，上荆州必称陕西，下扬都言去海郡，言食则糊口，道钱则孔方，问移则楚丘，论婚则宴尔，及王则无不仲宣，语刘则无不公干。凡有一二百件，传相祖述，寻问莫知原由，施安时复失所。

译文 无论是说话还是写文章，但凡是援引古代的例证，那就必须是自己亲眼目睹，而不能道听途说。江南地区有很多士大夫没有真才实学，又怕别人嘲笑自己鄙浅粗俗，于是往往道听途说，强事饰辞。比如：称『征质』为『周郑』，称『霍乱』为『博陆』，说『上荆州』为『去陕西』，说『下扬都』为『去海郡』，说『吃饭』为『糊口』，提起金钱就说孔方，问起迁徙就说楚丘，谈婚论嫁就说宴尔，提到姓王的就说仲宣，谈起刘姓的就提公干。诸如此类的说法绝不少于一二百种，士大夫们相互传袭，相互影响，如果问他们这些说法的原因，谁也答不上来，并且当他们写文章时，还不会运用。

庄生有乘时鹊起之说，故谢朓诗曰：『鹊起登吴台。』吾有一表亲，作《七夕》诗云：『今夜吴台鹊，亦共往填河。』《罗浮山记》云：『望平地，树如荠。』故戴暠诗云：『长安树如荠。』又邺下有一人《咏树》诗云：『遥望长安荠。』又尝见谓矜诞为夸毗，呼高年为富有春秋，皆耳学之过也。

译文 庄子有『乘时鹊起』的说法，因而谢朓做诗道『鹊起登吴台』。我有一位表亲，做了一首《七夕》诗，其中道：『今夜吴台鹊，亦共往填河。』《罗浮山记》上说：『望平地，树如荠。』于是戴暠的诗说：『长安树如荠。』邺城也有个人在《咏树》中说：『遥望长安荠。』我还曾经见过有人把矜诞说成夸毗，把高年称为富有春秋，诸如此类都是只相信自己耳朵，只凭听闻而造成的过失。

夫文字者，坟籍根本。世之学徒，多不晓字：读《五经》者，是徐邈而非许慎；习赋诵者，信褚诠而忽吕忱；明《史记》者，专徐、邹而废篆籀；学《汉书》者，悦应、苏而略《苍》《雅》。不知书音是其枝叶，小学乃其宗系。至见服虔、张揖音义则贵之，得《通俗》《广雅》而不屑。一手之中，向背如此，况异代各人乎？

译文 文字是书籍的根本，世上从事学业的人，精通文字的并不多。读《五经》的人，赞扬徐邈，而贬低许慎；学习赋辞的人，信服褚诠却忽略吕忱；通读《史记》的人，重视徐广、邹诞生对音义的研究，却废弃了对小篆籀文的研究；学习《汉书》的人，欣赏应劭、苏林的注释，却轻视《仓颉篇》《尔雅》。他们不明白语音只是字的枝叶，字义才是文字的根本。甚至有人十分看重服虔、张揖有关音义的书，却对同样由他们所写的《通俗》《广雅》不屑一顾。对同一个人的著作还这样态度悬殊，厚此薄彼呢，更何况是对不同时代不同人的著作呢？

夫学者贵能博闻也。郡国山川，官位姓族，衣服饮食，器皿制度，皆欲根寻，得其原本；至于文字，忽不经怀，己身姓名，或多乖舛，纵得不误，亦未知所由。

近世有人为子制名：兄弟皆山傍立字，而有名峙者；兄弟皆手傍立字，而有名机者；兄弟皆水傍立字，而有名凝者。名儒硕学，此例甚多。若有知吾钟之不调，一何可笑。

译文 凡是求学的人都追求博闻广识。他们对郡国、山川、官位、姓族、衣服饮食、器皿制度等，都想寻根问底，弄清事物的缘由；但是对于文字，他们却很是漫不经心，甚至连自己的名字姓氏，都会出现谬误，或者即使不出错误，也不清楚它的由来。如今有人为儿子起名：兄弟几个用「山」字命名的，却有叫「峙」的；兄弟几个都是以「手」旁的，却有名「机」的；兄弟几个都以「水」旁命名的，却有名「凝」的。在一些有很高声望的大学者中，也不乏这种例子。如果他们能意识到，这就像乐工听不出钟不协调的声音那样，他们就会明白这是一件多么可笑的事情了。

吾尝从齐主幸并州，自井陉关入上艾县，东数十里，有猎闾村。后百官受马粮在晋阳东百余里亢仇城侧。并不识二所本是何地，博求古今，皆未能晓。及检《字林》《韵集》，乃知猎闾是旧躐余聚，亢仇旧是睅䣋亭，悉属上艾。时太原王劭欲撰乡邑记注，因此二名闻之，大喜。

译文 我曾经追随齐主到并州去，从井陉关进入上艾县。县东几十里外，有一个猎闾村。后来，文武百官又曾在距晋阳东百余里的亢仇城旁接受马匹粮草。谁都不知道这两个地方，对大量的古今书籍查阅一番后，还是没有弄明白。直到我翻阅了《字林》《韵集》，才知道原来猎闾村就是以前的躐余聚，亢仇城就是以前的睅䣋亭，两地都归上艾县管辖。正好那时候太原的王劭准备撰写乡邑记注，听我说了这两个地方的名称后，他非常高兴。

颜氏家训

吾初读《庄子》『螝二首』，《韩非子》曰：『虫有螝者，一身两口，争食相龁，遂相杀也。』茫然不识此字何音，逢人辄问，了无解者。案：《尔雅》诸书，蚕蛹名螝，又非二首两口贪害之物。后见《古今字诂》，此亦古之虺字，积年凝滞，豁然雾解。

译文 我刚开始读《庄子》这本书时，看到『螝二首』这句话，《韩非子》中说：『虫中有叫螝的，一个身子两张嘴，为了争抢食物而互相撕咬，以致演变成互相残杀。』我逢人就问其中的『螝』字的意思，却没有得到满意的解释。后来经查考：《尔雅》等字书上说，蚕蛹名螝，但蚕蛹并不是那种有两个嘴贪残相害的动物。最后见了《古今字诂》，才知道这个『螝』字也就是古代的『虺』字，多年来积滞在胸中的疑问，一下子就解开了。

尝游赵州，见柏人城北有一小水，土人亦不知名。后读城西门徐整碑云：『洦流东指。』众皆不识。吾案《说文》，此字古魄字也，洦，浅水貌。此水汉来本无名矣，直以浅貌目之，或当即以洦为名乎？

译文 我曾经游览赵州，看见柏人城北面有一条小河，当地人也不知它的名字。后来我读了西门徐整碑的碑文，上面说：『洦流东指。』大家都不明白这句话的意思。我查阅《说文解字》，得知

这个『酒』字就是古代的『魄』字，酒，就是浅水的样子。该河自汉代以来就没有名字，只是被人们看作是一条浅浅的小河而已，或许就用这个『酒』字来给它命名更恰当一些吧？

颜氏家训

世中书翰，多称勿勿，相承如此，不知所由，或有妄言此忽忽之残缺耳。案：《说文》：『勿者，州里所建之旗也，象其柄及三斿之形，所以趣民事。故悤遽者称为勿勿。』

譯文 世人在书信中常写有『勿勿』这个词，自古至今都是如此，但却没有人知道它的来源。有人妄下结论说『勿勿』是『忽忽』的残缺字。后经查证：《说文解字》上说：『勿，是分邑树立的旗，其字形像旗杆和三条下垂的飘带的形状。这种旗是用来催促农民抓紧农事的，因而将紧迫匆忙称作「匆匆」。』

吾在益州，与数人同坐，初晴日晃，见地上小光，问左右：『此是何物？』有一蜀竖就视，答云：『是豆逼耳。』相顾愕然，不知所谓。命取将来，乃小豆也。穷访蜀士，呼粒为逼，时莫之解。吾云：『《三仓》《说文》，此字白下为匕，皆训粒，《通俗文》音方力反。』众皆欢悟。

譯文 我在益州的时候，曾和几个人在一起聊天，天初晴，阳光明媚，我见地上有一小点亮光，就问：『这是什么东西？』一个蜀地的童仆走上前看后答道：『是豆逼。』大家面面相觑，不知所云。我叫他取过来，看清了原来是小豆。几乎访问遍蜀地的人，问他们为什么把『粒』称作

『逼』，但最终还是无人能作出解释。我告诉他们说：『在《三仓》《说文》里，这个字就是「白」字下面加「匕」，都解释做「粒」。《通俗文》注音作方力反。』众人都愉悦地领悟了。

愍楚友婿窦如同从河州来，得一青鸟，驯养爱玩，举俗呼之为鹖。吾曰：『鹖出上党，数曾见之，色并黄黑，无驳杂也。故陈思王《鹖赋》云：「扬玄黄之劲羽。」』试检《说文》：『鸧雀似鹖而青，出羌中。』《韵集》音介，此疑顿释。

译文 愍楚的连襟窦如同从河州回来，带回一只青色的鸟，驯养赏玩甚是得意，族人管它叫『鹖』。我说：『鹖在上党，我曾多次见，它的羽毛全是黄黑色的，没有斑驳杂色。所以曹植的《鹖赋》说：「鹖扬起那黑黄色的劲翅。」』我试着翻检《说文解字》，查到：『鸧雀与鹖相似，但毛色是青的，出产于羌中。』《韵集》认为读音为『介』，这个疑问就解决了。

梁世有蔡朗者讳纯，既不涉学，遂呼莼为露葵。面墙之徒，递相仿效。承圣中，遣一士大夫聘齐，齐主客郎李恕问梁使曰：『江南有露葵否？』答曰：『露葵是莼，水乡所出。卿今食者绿葵菜耳。』李亦学问，但不测彼之深浅，乍闻无以核究。

译文 梁朝有位叫蔡朗的忌讳『纯』字，原本就不爱学习的他，就把莼菜叫作露葵。那些不学无术、人云亦云的人也盲目效仿。承圣年间，梁朝派出一位士大夫出使北齐，北齐的主客郎李恕问这位梁朝的使臣说：『江南有露葵吗？』使臣回答说：『露葵就是莼菜，是水乡中出产的。您今天吃的是绿葵菜。』李恕也是很有学问的人，但是他不知道对方学问的深浅，所以刚一听说也无法加以查究。

思鲁等姨夫彭城刘灵，尝与吾坐，诸子侍焉。吾问儒行、敏行曰：『凡字与谘议名同音者，其数多少，能尽识乎？』答曰：『未之究也，请导示之。』吾曰：『凡如此例，不预研检，忽见不识，误以问人，反为无赖所欺，不容易也。』因为说之，得五十许字。诸刘叹曰：『不意乃尔！』若遂不知，亦为异事。

译文 我曾与思鲁他们的姨父、彭城的刘灵在一起闲聊，他的几个儿子也陪在旁边。我问儒行、敏行他们：『你们知道与你们父亲名字同音的字一共有多少吗？是否都能认识？』他们说：『我们没有探究过这个问题，请您开导指示。』我说：『这一类的字，要是不提前翻检研究，万一遇上又不认识，错拿去问人，就会被一些无赖欺侮，这种事情可不能轻率对待啊。』于是我就告诉他们一共有五十字左右。他们感叹地说：『想不到会有这么多。』如果他们一点都不了解，也确实可以称得上是怪事。

校定书籍，亦何容易，自扬雄、刘向，方称此职耳。观天下书未遍，不得妄下雌黄。或彼以为非，此以为是；或本同末异；或两文皆欠，不可偏信一隅也。

译文 校订书籍，也很不容易，只有当年的扬雄、刘向才算得上是称职的。如果没有读遍天下的典

籍，就不可以妄下雌黄修改校订。有的时候那个本子以为错，这个本子则认为对；有的两种观点大同小异，有的两个本子的文字都有欠缺，所以不能偏听偏信，倒向一种说法。

品讀 孔子曾教育他的弟子子路说：『学习和知识的力量是巨大而无形的！你看看，一国之君需要谏臣的辅佐，才能让国家兴盛；普通人需要明事理的朋友提醒自己的过失，才能提升自身；为人处世也需要不断向他人学习，听取别人的意见，才能博采众长。』『真正的君子喜好学习，集思广益，因而足智多谋，做起事来就会顺利；相反，那些不善学习的人，自以为是，诋毁仁德，对有学问的人心生抵触，这无异推着自己往后退。可见，不学习就会落后呀！』

并且他还指出南山之竹无人扶持也长得很直，用这种竹子做成的箭，也一样能穿透皮革。要是能把竹箭再修理一番，装上羽毛，再把它削成尖头，那它的穿透力就更大了。圣人的话告诉我们读书是有很重要的作用的。他能让一个人更充实，更具有内涵。看一个人，不能仅仅看其外表。有的人金玉其外，但是腹内空空；有的人相貌平平，却满腹珠玑。前者虽然悦目，但却流于俗气；后者赏心，也令人起敬。

关于古人劝学的例子不胜枚举。其中大家耳熟能详的莫过于孟母断机杼来教育儿子好好读书的故事了。有一次孟子不好好学习，逃学回家时，孟子的母亲拿起了剪刀，将织布机上就要织好的布割断。并且告诫他，织布必须将纱线一条一条织上去，经过持续不断的努力，积丝才能成寸，积寸才能成尺，最后才能织成一匹完整有用的布；读书也是一样，要努力用功，并且持之以恒，经过长时间的累积，才能有成就。否则就像剪断了的布匹一样，一旦中断就很难再续。

在中国古代，进学是士大夫立身之本，因此古人都勉励自己的子弟勤学苦读。明末清初有一位有名的隐士，叫作傅山。他是清初的学问大家，不仅博通经史、诸子、佛道、医药等学问，对诗文、书画、金石也很精通，尤其以音韵学见长，是一个极其罕见的多才多艺的人物，对后人影响很大。

傅山才华横溢，但没有什么怪癖。他有好几个儿子，对孩子们而言，他是个非常耐心、严慈并济的好父亲。他对待傅眉等几个儿子，要求十分严格。傅山常常到四方周游，每次出游时，总是叫几个儿子们拉着他乘的车子行走。晚上到了旅舍中，他就点上灯督促儿子们读经史等书籍。每天晚上诵读过后，就要求儿子们第二天早上一定要能够背出来。如果傅眉等背不出来，便会遭到父亲用杖责打。在这件事上，傅山丝毫不姑息迁就自己的儿子们。

在傅眉等人不在身边时，傅山曾专门给他们写了一封信，跟他们讲读书之事。在信中，他谈到自己年少时记忆力极强，选取《文选》中五十三篇文章来读，一个早上就能一字不错地全部背出来。傅山跟儿子们说这些，并不是想要夸耀自己，而是要说明下面的道理：

『即便这样能记，也不过能维持六七年罢了。过了三十岁往往就忘掉了十分之五六，过了四十岁则忘掉了十分之八九，随看随忘，恍如隔世。』年龄越大，记忆力就越差，只有六七年时间记忆力最强，随后日渐衰退。他勉励儿子们：『你们的天资都属中上，算是可以读书的，此时正是精神健旺之时，应该专心致志读三四年书。』『你们要努力自爱，不要浪费了自己的天资，要读书交友，待到笔性老成、见识坚定的时候，实现有所著述的志向也就不难了。除经书外，《史记》《汉书》《战国策》《左传》《国语》《管子》、骚、赋，都要认真细读。其余的就任你们的性情所喜爱的，略读过去就可以了。二十一史的读法，我以前都已经告诉你们了。金、辽、元三史列之记载，不得作正史读也。』

傅山除告诫儿子们认真读书以外，还具体地为他们开列了书目，要求他们按照所提到的书籍认真细读，教读之心可谓良苦。

颜氏在本篇也是语重心长地教导子孙，要想不做平庸的人，就必须发奋读书。他告诫子孙只有年轻的时候刻苦学习才不至于终生受辱。只有通过读书掌握了『应世任务』的真本领，才能在社会上立足，任何时候，任何情况下都不会没有出路。从这里我们可以看出颜氏主张学贵能行，学以致用，反对教育严重脱

离实际，培养那种『食古不化』、崇尚空谈、于世无用的废物。对照当时一些读书人的现状，颜氏的主张绝非无的放矢。这跟我们今天提倡的素质教育极其类似，不能不感叹颜氏的观点超前，且具有现实意义。

民间谚语说『活到老，学到老』，这是有道理的。因为人的一生是短暂的，但是学海无涯，人只有用丰富的知识来不断地武装自己的头脑，才有可能避免流于庸俗。颜氏就指出人一生都可以学习，也都要学习。颜氏在文中也举了很多中国古代勤奋好学的例子，以教育子孙一定要勤奋刻苦读书，且要有毅力。

孔子说：『学，然后知不足。』一个人的学问越大，就越是知道自己的不足，从而也就更容易弥补不足，提高自己的素质、修养和才干。因此只有深入学习、观察和思考，才能看到别人的优点和长处，发现自己的幼稚和不足，明白学无止境的道理。我们要想超过别人，就必须把别人的优点和长处变成自己的。如果浅尝辄止，满足于一知半解，就永远无法超越别人。在越来越讲究效率的现代社会，当别人都在前进的时候，你如果还在原地踏步，就已经是落后了。所以要想跟上整个时代的步伐，不被高速发展的社会甩在后边，就要加倍勤奋学习，在不断地发现与弥补自身的不足中，来实现自我，超越自我。

颜氏家训

文章第九

夫文章者，原出《五经》：诏、命、策、檄，生于《书》者也；序、述、论、议，生于《易》者也；歌、咏、赋、颂，生于《诗》者也；祭、祀、哀、诔，生于《礼》者也；书、奏、箴、铭，生于《春秋》者也。朝廷宪章，军旅誓、诰，敷显仁义，发明功德，牧民建国，施用多途。至于陶冶性灵，从容讽谏，入其滋味，亦乐事也。行有余力，则可习之。

【译文】文章出自《五经》：诏、命、策、檄，是从《书经》中产生的；序、述、论、议，是从《易经》中产生的；歌、咏、赋、颂是从《诗经》中产生的；祭、祀、哀、诔，是从《礼记》中产生的；书、奏、箴、铭是从《春秋》中产生的。朝廷的重要法令和军中的号令誓词，都是扬显仁义，彰明功德的，这对治理民众，建设国家起到了很大的作用。至于用文章来陶冶情操，或者对别人婉言相劝，或者阅读时深入体会其中的滋味，这也是人生一大乐事。如果有能力的话，则还可以多学习一点这方面的东西。

然而自古文人，多陷轻薄；屈原露才扬己，显暴君过；宋玉体貌容冶，见遇俳优；东方曼倩，滑稽不雅；司马长卿，窃赀无操；王褒过章《僮约》；扬雄德败《美新》；李陵降辱夷虏；刘歆反覆莽世；傅毅党附权门；班固盗窃父史；赵元叔抗竦过度；冯敬通浮华摈压；马季长佞媚获诮；蔡伯喈同恶受诛；吴质诋忤乡里；曹植悖慢犯法；杜笃乞假无厌；路粹隘狭已甚；陈琳空号粗疏；繁钦性无检格；刘

桢屈强输作；王粲率躁见嫌；孔融、祢衡，诞傲致殒；杨修、丁廙，扇动取毙；阮籍无礼败俗；嵇康凌物凶终；傅玄忿斗免官；孙楚矜夸凌上；陆机犯顺履险；潘岳干没取危；颜延年负气摧黜；谢灵运空疏乱纪；王元长凶贼自诒；谢玄晖侮慢见及。凡此诸人，皆其翘秀者，不能悉纪，大较如此。

译文 但是自古以来，文人大多陷于轻悻。屈原对自己的才华过于张扬，太注重表现自己了，甚至公开暴露君主的过失；宋玉因长得体态容貌冶艳而被人视作俳优；东方朔言谈太滑稽了，以致缺少雅致；司马相如盗窃钱财，缺少操守；王褒的过失显露于《僮约》；扬雄的品德败坏于《美新》；李陵投降匈奴，辱没身份；刘歆在王莽执政时立场摇摆不定；傅毅依附党派权贵；班固剽窃其父所著的史书；赵壹恃才倨傲有些过头；冯衍浮华而不实，遭排抑；马融谄媚于权贵遭到讥讽；蔡邕同恶人勾结遭到惩处；吴质仗势横行霸道而触怒乡里；曹植傲慢无理而触犯国法；杜笃毫无节制地向人借贷；路粹的心胸过于狭隘；陈琳的确粗率疏忽；繁钦生性不知检点；刘桢个性过于倔强，被罚做苦役；王粲轻率狂躁而遭人厌恶；孔融、祢衡恃才傲物而被杀害；杨修、丁廙煽动生事，咎由自取；阮籍因无礼而败坏风俗；嵇康因欺物而不得善终；傅玄因愤争而被免官；孙楚因夸耀而欺上；陆机因作乱而冒险；潘岳因侥幸取利而致危；颜延年因负气而被免职；谢灵运因空疏而作乱；王元长因凶逆而被杀；谢玄晖因侮慢而遭害。上述这些人，在文人中都是杰出的，其他无法全部记起，但是也不外乎此。

至于帝王，亦或未免。自昔天子而有才华者，唯汉武、魏太祖、文帝、明帝、宋孝武帝，皆负世议，非懿德之君也。自子游、子夏、荀况、孟轲、枚乘、贾谊、苏武、张衡、左思之俦，有盛名而免过患者，时复闻之，但其损败居多耳。

译文 至于帝王，也有没能避免这类毛病的。自古有才华的天子，只有汉武帝、魏太祖、魏文帝、魏明帝、宋孝武帝等数人，但是他们还是照样都被世人讥议，因此也不算有美德的君王。从孔子的学生子游、子夏到荀况、孟轲、枚乘、贾谊、苏武、张衡、左思等人物，既享有盛名而又没有过失祸患的，倒也时常听到，不过还是经历损丧败坏的占多数。

每尝思之，原其所积，文章之体，标举兴会，发引性灵，使人矜伐，故忽于持操，果于进取。今世文士，此患弥切，一事惬当，一句清巧，神厉九霄，志凌千载，自吟自赏，不觉更有傍人。加以砂砾所伤，惨于矛戟，讽刺之祸，速乎风尘，深宜防虑，以保元吉。

译文 为此，我常常思考，寻找病根，大概应当是因为文章这样的东西，必须要高超兴致，触发性灵，而这又往往会使人夸耀才能，从而忽视其操守，而不惜去追名逐利。在当今的文士身上，这种毛病体现得更加深切，一旦有一个典故用得恰当，或是一个句子做得精妙，就会心神上达九霄，意气下凌千年，自己吟咏自我欣赏，飘飘然以至于忘了其他人的存在。加以沙砾般的伤人，比矛戟伤人更狠毒残忍；讽刺别人而招的祸患，比刮风来得更迅速。所以必须认真思考小心防范，来保全大福。

学问有利钝，文章有巧拙。钝学累功，不妨精熟；拙文研思，终归蚩鄙。但成

学士，自足为人。必乏天才，勿强操笔。吾见世人，至无才思，自谓清华，流布丑拙，亦以众矣，江南号为詅痴符。近在并州，有一士族，好为可笑诗赋，誂撆邢、魏诸公，众共嘲弄，虚相赞说，便击牛酾酒，招延声誉。其妻，明鉴妇人也，泣而谏之。此人叹曰：『才华不为妻子所容，何况行路！』至死不觉。自见之谓明，此诚难也。

译文 做学问有快与慢的差别，写文章有巧与拙的区分。做学问迟钝的人只要肯多下工夫，就会达到精熟；写文章笨拙的人再怎么刻苦钻研思考，终究也难免流于陋劣。其实只要有了学问，就足以立世为人了，如果真的是天生缺乏资质，还是不必勉强执笔去写文章为好。我见到世人中间，不乏一些极其缺乏才思，却还自以为所著文章清新华丽，让其丑拙的文章流传在外的人。这样的人真是太多了，这在江南被称为『詅痴符』。近来在并州地方，有个士族出身的人，喜欢写引人发笑的诗赋，还和邢邵、魏收等人开玩笑，人家嘲弄他，假意称赞他，他就杀牛斟酒，做东宴请大家，希望人家帮他扩大声誉。他的妻子是个明白事理的女人，哭着劝他，他却叹着气说：『我的才华连自己的妻子和孩子都不承认，何况那些不相干的人呢！』到死也没有醒悟。自己能看清自己才叫明，这确实是很难做到的。

学为文章，先谋亲友，得其评裁，知可施行，然后出手；慎勿师心自任，取笑旁人也。自古执笔为文者，何可胜言。然至于宏丽精华，不过数十篇耳。但使不失体裁，辞意可观，便称才士；要须动俗盖世，亦俟河之清乎！

颜氏家训

译文 学做文章，先要请教亲友，得到他们的评判，知道拿得出去了，方能出手，千万不能自我感觉良好，让旁人取笑。自古以来执笔写文章的，数不胜数，但真能做到气势宏伟、华丽精当的，只不过数十篇而已。所写文章，只要体裁没有问题，文章内容也还值得一看，那么就可称得上是才士了。但是倘若一定要写出惊世骇俗压倒当世的文章，那恐怕就像黄河要澄清那样不容易等待到了。

不屈二姓，夷、齐之节也；何事非君，伊、箕之义也。自春秋已来，家有奔亡，国有吞灭，君臣固无常分矣；然而君子之交绝无恶声，一旦屈膝而事人，岂以存亡而改虑？陈孔璋居袁裁书，则呼操为豺狼；在魏制檄，则目绍为蛇虺。在时君所命，不得自专，然亦文人之巨患也，当务从容消息之。

译文 不向另一个朝代屈身，是伯夷、叔齐的节操；可侍奉任何君王，是伊尹、箕子所恃的道义。春秋以来，卿大夫的家族颠沛流离，邦国被吞灭，君主与臣子之间就没有固定的名分了；然而君子之间交往，是绝对不会招致什么不好的名声的，但屈膝侍奉另主，怎么可以因故主的存亡而改变自己的立场呢？陈琳跟着袁绍时，就称曹操为豺狼；而跟着曹操时，又称袁绍为蛇虺。当然了，这是当时君主的命令，由不得自己，但这也是文人的通病，应该好好地斟酌斟酌。

或问扬雄曰：『吾子少而好赋？』雄曰：『然。童子雕虫篆刻，壮夫不为也。』余窃非之曰：虞舜歌《南风》之诗，周公作《鸱鸮》之咏，吉甫、史克《雅》《颂》之美者，未闻皆在幼年累德也。孔子曰：『不学《诗》，无以言。』

『自卫返鲁，乐正，《雅》《颂》各得其所。』大明孝道，引《诗》证之。扬雄安敢忽之也？

【译文】有人问扬雄：『你小时候喜欢做诗吗？』扬雄答道：『喜欢。诗赋就好像学童所练的虫书、刻符，成年人总是对此不屑一顾。』我私下不赞同这种说法：虞舜歌吟的《南风》、周公所作的《鸱鸮》，尹吉甫、史克各有《雅》《颂》中的那些美好文章，但并没有听说因为这些是他们小时候所写而损害了他们的德行。孔子说：『不学《诗》，就不能擅长辞令。』又说：『我从卫国回到鲁国，整理了《诗》的乐章，使《雅》乐、《颂》乐各得其所。』孔子彰显孝道，就用《诗》来进行验证。扬雄怎么可以忽视这些呢？

若论『诗人之赋丽以则，辞人之赋丽以淫』，但知变之而已，又未知雄自为壮夫何如也？著《剧秦美新》，妄投于阁，周章怖慑，不达天命，童子之为耳。桓谭以胜老子，葛洪以方仲尼，使人叹息。此人直以晓算术，解阴阳，故著《太玄经》，数子为所惑耳；其遗言馀行，孙卿、屈原之不及，安敢望大圣之清尘？且《太玄》今竟何用乎？不啻覆酱瓿而已。

【译文】若像他所说『诗人的赋华丽而合乎规则，词人的赋华丽而过分淫滥』，这只不过是道出了二者的差别而已，却并不能说明作为一个成年人该去做什么。写了《剧秦美新》，就稀里糊涂地从天禄阁上往下跳，惊慌失措，不能通达天命，那才是小孩子的行为呢？桓谭认为扬雄胜过老子，葛洪也将扬雄与孔子相提并论，实在是让人感叹不止。扬雄不过是因为通晓术数，懂得阴阳之学，因而撰写了《太玄经》，就这样便将那几个人迷惑了；他所说的话，所做的事，还赶不上荀子和屈原呢，又怎能将他与大圣人相提并论呢？更何况《太玄经》在今天又能发挥什么作用呢？恐怕跟盖酱瓿所起的作用没多大的差别吧。

齐世有席毗者，清干之士，官至行台尚书，嗤鄙文学，嘲刘逖云：『君辈辞藻，譬若荣华，须臾之玩，非宏才也；岂比吾徒千丈松树，常有风霜，不可凋悴矣！』刘应之曰：『既有寒木，又发春华，何如也？』席笑曰：『可哉！』

【译文】北齐有个大将叫席毗，英明有才干，官至行台尚书。他看不起文学，嘲笑刘逖说：『你们这些人的辞藻，就好像花草，只能供人赏玩片刻，而根本不能做栋梁；怎么能跟我这样遇到风霜而不凋零的千丈松树相比呢！』刘逖说：『既可以耐寒，又可以开花，你觉得这样如何啊？』席毗笑着答道：『那当然是再好不过了！』

凡为文章，犹人乘骐骥，虽有逸气，当以衔勒制之，勿使流乱轨躅，放意填坑岸也。

【译文】凡是做文章，好比人骑千里马，虽豪逸奔放，但还是得勒紧缰绳，不要放纵它，乱了奔走的轨迹，以免坠入沟壑。

文章当以理致为心肾，气调为筋骨，事义为皮肤，华丽为冠冕。今世相承，趋

末弃本，率多浮艳。辞与理竞，辞胜而理伏；事与才争，事繁而才损。放逸者流宕而忘归，穿凿者补缀而不足。时俗如此，安能独违？但务去泰去甚耳。必有盛才重誉，改革体裁者，实吾所希。

译文 文章要以义理意致为心肾，气韵格调为筋骨，情节用典为皮肤，华丽辞藻为冠冕。如今相因袭的文章，都是弃本求末，大多过于浮艳。文辞与义理比较，突出文辞而掩盖义理；用典和才思相比，繁复用典而致才思受损。肆意飘逸奔放的，忘掉了文章的主旨，穿凿拘泥的，往往因东修西补而造成文意不通，文采不足。现在的时尚习俗就是这样，自己也不好标新立异，但求不要做得太过头就行了。一定会有个才高名重的大才，出来对这种文体进行改革，那才是我所盼望的呢？

古人之文，宏才逸气，体度风格，去今实远；但缉缀疏朴，未为密致耳。今世音律谐靡，章句偶对，讳避精详，贤于往昔多矣。宜以古之制裁为本，今之辞调为末，并须两存，不可偏弃也。

译文 古人的文章，气势宏大，潇洒飘逸，其体度风格都比现今的文章要高出很多。只是古人在结撰编著的过程中，用词遣句、过渡勾连等方面还粗疏质朴，不够周密细致。如今的文章，音律和谐华丽，词句工整对称，避讳精细详密，这些都比古人的高超多了。应该用古文的体制格调为根本，以今人的文辞格调作补充，做到两方面并存，不可以偏废。

吾家世文章，甚为典正，不从流俗；梁孝元在蕃邸时，撰《西府新文》，讫无一篇见录者，亦以不偶于世，无郑、卫之音故也。有诗、赋、铭、诔、书、表、启、疏二十卷，吾兄弟始在草土，并未得编次，便遭火荡尽，竟不传于世。衔酷茹恨，彻于心髓！操行见于《梁史·文士传》及孝元《怀旧志》。

译文 我先父的文章非常典雅纯正，不随流俗。梁孝元帝在湘东王府时辑录的《西府新文》，先父的文章一篇都没有被收进去。因为先父的文风不尚浮艳，不迎合世人的口味。先父留有诗、赋、铭、诔、书、表、启、疏等各种文体的文章共二十卷，我们兄弟当时在服丧期间，还没有来得及编辑整理，就遭遇火灾，被大火烧得精光，最终没有流传下来。我痛心疾首。先父的操守品行见载于《梁史·文士传》和梁元帝的《怀旧志》。

沈隐侯曰：『文章当从三易：易见事，一也；易识字，二也；易读诵，三也。』邢子才常曰：『沈侯文章，用事不使人觉，若胸臆语也。』深以此服之。祖孝徵亦尝谓吾曰：『沈诗云：「崖倾护石髓。」此岂似用事邪？』

译文 沈约说：『写文章应该遵从「三易」的原则：一是叙事用典明白易懂；二是文字浅显容易识认；三是易于诵读记忆。』邢子才常说：『沈约的文章，别人都觉察不出其用典录事，仿佛直抒胸臆一样。』我也因此而非常钦佩他。祖孝徵也曾对我说：『沈约的诗说「崖倾护石髓」，这句诗难道真的像是在用典吗？』

邢子才、魏收俱有重名，时俗准的，以为师匠。邢赏服沈约而轻任昉，魏爱慕任昉而毁沈约，每于谈宴，辞色以之。邺下纷纭，各有朋党。祖孝徵尝谓吾曰：『任、沈之是非，乃邢、魏之优劣也。』

译文　邢子才、魏收二人均负有盛名，当时的人都把他们作为楷模，奉为宗师。邢子才赏识钦佩沈约而轻视任昉，魏收仰慕任昉而诋毁沈约，他们在一起吃饭聊天时，经常为此争得不可开交。邺城的人对此也是说法不一，两人都有自己的朋党。祖孝徵曾对我说：『任昉、沈约两人的是非曲直，事实上恰恰反映了邢子才、魏收的优和劣。』

《吴均集》有《破镜赋》。昔者，邑号朝歌，颜渊不舍；里名胜母，曾子敛襟：盖忌夫恶名之伤实也。破镜乃凶逆之兽，事见《汉书》，为文幸避此名也。比世往往见有和人诗者，题云敬同。《孝经》云：『资于事父以事君而敬同。』不可轻言也。

译文　《吴均集》中有篇《破镜赋》。以前有个朝歌城，就因为这个地名，颜渊便不在这里停留；有个胜母乡，曾子到这后，整整衣襟就走了。这大概是因为他们忌讳不好的名称会损坏事物原有的内涵吧。『破镜』是一种凶恶的野兽，其出典见于《汉书》，作文时希望你们要避免用诸如此类的名称。近来常看到有人随和别人的诗作，在和诗的题目上写着『敬同』二字。《孝经》里说：『资于事父以事君而敬同。』所以『敬同』这个词是不可以随便用的。

梁世费旭诗云：『不知是耶非。』殷沄诗云：『飘飖云母舟。』简文曰：『旭既不识其父，沄又飘飖其母。』此虽悉古事，不可用也。世人或有文章引《诗》『伐鼓渊渊』者，《宋书》已有屡游之诮；如此流比，幸须避之。北面事亲，别舅摛《渭阳》之咏；堂上养老，送兄赋桓山之悲，皆大失也。举此一隅，触涂宜慎。

译文　梁代费旭的诗中说：『不知是耶非。』殷沄的诗中说：『飘飖云母舟。』简文帝说：『费旭既不认识他的父亲，殷沄又让他母亲到处飘荡。』这些虽然都已经是过去的事了，但是你们也要注意不可随意引用。有人在作文时引用《诗经》的『伐鼓渊渊』；《宋书》对这些不懂得用反语的人曾予以讥讽。像这样的词句，你们一定要避免使用。如果在侍奉母亲，在与舅舅分别时，却尽情吟唱《渭阳》；如果在侍养老父，送别兄长时，却以『桓山之鸟』来表达自己的悲痛情绪，这些可就是大错特错了。列举这些例子，你们要懂得触类旁通，由此及彼，处处谨慎小心。

江南文制，欲人弹射，知有病累，随即改之，陈王得之于丁廙也。山东风俗，不通击难。吾初入邺，遂尝以此忤人，至今为悔；汝曹必无轻议也。

译文　江南人写文章，总是希望听到别人的批评指责，一旦发现毛病，就立刻修改。陈思王曹植就是从丁廙那里体会到了这种风气的。山东的风俗，则不知该如何去请教别人来对自己的文章进行批评指导。我初到邺城之时，曾因批评别人的文章而得罪他人，至今还为此后悔不已。你们可别轻易地就去议论别人的文章啊。

凡代人为文，皆作彼语，理宜然矣。至于哀伤凶祸之辞，不可辄代。蔡邕为胡金盈作《母灵表颂》曰：『悲母氏之不永，然委我而夙丧。』又为胡颢作其父铭曰：『葬我考议郎君。』《袁三公颂》曰：『猗欤我祖，出自有妫。』王粲为潘文则《思亲诗》云：『躬此劳悴，鞠予小人；庶我显妣，克保遐年。』而并载乎邕、粲之集，此例甚众。

译文 凡是替代别人写文章，就都要用人家的口气，按理说这是必需的。至于那些表达哀伤凶祸内容的文章，最好不要随便替人代笔。蔡邕为胡金盈作《母灵表颂》道：『悲母氏之不永，然委我而夙丧。』又为胡颢代笔替他父亲写墓志铭说：『葬我考议郎君。』还有《袁三公颂》说：『猗欤我祖，出自有妫。』王粲替潘文则写《思亲诗》说：『躬此劳悴，鞠予小人；庶我显妣，克保遐年。』这几篇文章都收集在蔡邕、王粲的文集里，此类例子有很多。

古人之所行，今世以为讳。陈思王《武帝诔》，遂深永蛰之思；潘岳《悼亡赋》，乃怆手泽之遗：是方父于虫，匹妇于考也。蔡邕《杨秉碑》云：『统大麓之重。』潘尼《赠卢景宣诗》云：『九五思龙飞。』孙楚《王骠骑诔》云：『奄忽登遐。』陆机《父诔》云：『亿兆宅心，敦叙百揆。』《姊诔》云：『俔天之和。』今为此言，则朝廷之罪人也。王粲《赠杨德祖诗》云：『我君饯之，其乐泄泄。』不可妄施人子，况储君乎？

译文 古人的这种做法，今天看来是犯了忌讳。陈思王曹植的《武帝诔》，用『永蛰』一词来表达对亡父的深切怀念；潘岳的《悼亡赋》用『手泽』一词来抒发看到亡妻遗物而勾起的悲伤。前者将父亲比作了永远冬眠的昆虫，后者则将亡妻跟亡父等同了。蔡邕的《杨秉碑》说：『统大麓之重。』潘尼的《赠卢景宣诗》说：『九五思龙飞。』孙楚的《王骠骑诔》说：『奄忽登遐。』陆机的《父诔》说：『亿兆宅心，敦叙百揆。』《姊诔》说：『俔天之和。』如果今天再用这种写法，早成了朝廷的千古罪人了。王粲的《赠杨德祖诗》说：『我君饯之，其乐泄泄。』像这种表示母子重归于好的话尚且不能妄用于一般人家的儿女，更何况是太子呢？

挽歌辞者，或云古者《虞殡》之歌，或云出自田横之客，皆为生者悼往告哀之意。陆平原多为死人自叹之言，诗格既无此例，又乖制作本意。

译文 挽歌辞，有人说始于古代的《虞殡》之歌，有人说出自田横的门客，这都是活着的人用来追悼已逝的人，以表哀伤之意的。陆机写的挽歌多是死者的自叹之言，在挽歌诗的格式中，还没有这样的例子，这也与制作挽歌诗的本意相背离。

凡诗人之作，刺箴美颂，各有源流，未尝混杂，善恶同篇也。陆机为《齐讴篇》，前叙山川物产风教之盛，后章忽鄙山川之情，殊失厥体。其为《吴趋行》，何不陈子光、夫差乎？《京洛行》，胡不述赧王、灵帝乎？

译文 凡是诗人的作品，无论是讽刺的，还是针砭的，还是歌颂赞美的，都有它各自的源流，从来不会将贬恶扬善的内容混杂在一处。陆机作《齐讴篇》，在前半部分叙述山川物产风俗教化的丰

盛，却在后半部分时忽然出现了鄗薄山川的情绪，这就与诗的体制背离了。他写的《吴趋行》，为什么不谈及子光、夫差的事呢？他写的《京洛行》，又为什么不叙述周赧王、汉灵帝的事呢？

自古宏才博学，用事误者有矣；百家杂说，或有不同，书傥湮灭，后人不见，故未敢轻议之。今指知决纰缪者，略举一两端以为诫。《诗》云：『有鷕雉鸣。』又曰：『雉鸣求其牡。』毛《传》亦曰：『鷕，雌雉声。』又云：『雉之朝雊，尚求其雌。』郑玄注《月令》亦云：『雊，雄雉鸣。』潘岳赋曰：『雉鷕鷕以朝雊。』是则混其雄雌矣。

译文 自古至今，那些才华横溢、博学多才的人，引用典故出差错也是大有人在；诸子百家的杂说，有些对同一件事持不同的观点，如果这些湮没，那么后人就看不到了。因此我也不能妄加评论。现在我只挑出那些绝对错误的，简单举几个例子让你们借鉴。《诗经》说：『有鷕雉鸣。』又说：『雉鸣求其牡。』《毛许训诂传》也说：『鷕，是雌雉的鸣叫声。』《诗经》又说：『雉之朝雊，尚求其雌。』郑玄注《月令》也说：『雊，是雄雉的鸣叫声。』而潘岳的赋说：『雉鷕鷕以朝雊。』这样一来就混淆了雄雌二者的区别。

《诗》云：『孔怀兄弟。』孔，甚也；怀，思也，言甚可思也。陆机《与长沙顾母书》，述从祖弟士璜死，乃言：『痛心拔脑，有如孔怀。』心既痛矣，即为甚思，何故方言有如也？观其此意，当谓亲兄弟为孔怀。《诗》云：『父母孔迩。』而呼二亲为孔迩，于义通乎？《异物志》云：『拥剑状如蟹，但一螯偏大尔。』何逊诗云：『跃鱼如拥剑。』是不分鱼蟹也。

译文 《诗经》说：『孔怀兄弟。』孔，是非常之意；怀，是思念之意。孔怀便是十分想念之意。陆机的《与长沙顾母书》，讲述了从祖弟陆士璜之死，却说：『痛心拔脑，有如孔怀。』心中感到伤痛，当然是十分想念了，为什么还要说『有如』呢？看来他这句话的意思是把『孔怀』理解为亲兄弟了。《诗经》说：『父母孔迩。』如果按照陆机的用法，则应将父母称作『孔迩』了，这样怎么能说得通呢？《异物志》说：『拥剑的形状如蟹，只是有一只螯偏大。』何逊的诗却说：『跃鱼如拥剑。』这就是不区分鱼和蟹了。

《汉书》：『御史府中列柏树，常有野鸟数千，栖宿其上，晨去暮来，号朝夕鸟。』而文士往往误作乌鸢用之。《抱朴子》说项曼都诈称得仙，自云：『仙人以流霞一杯与我饮之，辄不饥渴。』而简文诗云：『霞流抱朴碗。』亦犹郭象以惠施之辨为庄周言也。《后汉书》：『囚司徒崔烈以银铛鏁。』银铛，大鏁也；世间多误作金银字。武烈太子亦是数千卷学士，尝作诗云：『银鏁三公脚，刀撞仆射头。』为俗所误。

译文 《汉书》说：『御史府中排列着一行柏树，常有数千只野鸟栖息在上面，早上飞走了，傍晚又飞回来，因而称之为朝夕鸟。』但文人们却往往将『鸟』字误当『乌鸢』的『乌』字来用。《抱朴子》说，项曼都伪称遇上仙人了，自言：『仙人拿一杯「流霞」让我喝，我饥渴的感觉就不再有了。』而简文帝的诗说：『霞流抱朴碗。』这就跟郭象将惠施辩说的话当作是庄周的话类

似了。《后汉书》说：『囚禁司徒崔烈用银铛锁。』银铛，即大的铁锁链；人们常把『银』字误作金银的『银』字。武烈太子也是读过数千卷书的学士，他却曾做诗：『银鏁三公脚，刀撞仆射头。』这是因其受世俗的影响而导致的错误。

文章地理，必须惬当。梁简文《雁门太守行》乃云：『鹅军攻日逐，燕骑荡康居，大宛归善马，小月送降书。』萧子晖《陇头水》云：『天寒陇水急，散漫俱分泻，北往徂黄龙，东流会白马。』此亦明珠之颣，美玉之瑕，宜慎之。

译文 文章中凡涉及地理的，必须准确。梁简文帝《雁门太守行》中说：『鹅军攻日逐，燕骑荡康居，大宛归善马，小月送降书。』萧子晖在《陇头水》中说：『天寒陇水急，散漫俱分泻，北往徂黄龙，东流会白马。』这些就是明珠上的一点小毛病，美玉上的一点瑕疵，这也应该认真谨慎地对待。

王籍《入若耶溪》诗云：『蝉噪林逾静，鸟鸣山更幽。』江南以为文外断绝，物无异议。简文吟咏，不能忘之，孝元讽味，以为不可复得，至《怀旧志》载于《籍传》。范阳卢询祖，邺下才俊，乃言：『此不成语，何事于能。』魏收亦然其论。《诗》云：『萧萧马鸣，悠悠旆旌。』毛《传》曰：『言不喧哗也。』吾每叹此解有情致，籍诗生于此耳。

译文 王籍的《入若耶溪》说：『蝉噪林逾静，鸟鸣山更幽。』江南地区的人都认为此乃独一无

二的绝句，没有人对此有异议。简文帝吟咏之后，总是无法忘怀。梁元帝也经常诵读回味，认为这是不可多得的佳句，所以在《怀旧志》中仍收载入《王籍传》。范阳卢询祖，是邺城的儒雅之人，他却说：『这两句不是什么好的联语，也看不出他有多高的才能。』魏收对此观点持赞同态度。《诗经》说：『萧萧马鸣，悠悠旆旌。』《毛诗诂训传》说：『这是肃静不喧哗嘈杂的意思。』我每次都叹服这个解释真是别有情致，而王籍的这一诗句也正是由此而得到的。

兰陵萧悫，梁室上黄侯之子，工于篇什。尝有《秋》诗云：『芙蓉露下落，杨柳月中疏。』时人未之赏也。吾爱其萧散，宛然在目。颍川荀仲举、琅琊诸葛汉，亦以为尔。而卢思道之徒，雅所不惬。

译文 兰陵的萧悫，是梁上黄侯晔的儿子，最擅长做诗。他曾写过一首题为《秋》的诗，诗中说：『芙蓉露下落，杨柳月中疏。』当时的人们并不欣赏这两句诗，而我却很喜爱，我觉得它空远散淡，所描绘的景象简直就是在眼前。颍川荀仲举、琅琊诸葛汉，也都这样认为。但是卢思道等人，对这两句诗却不太满意。

何逊诗实为清巧，多形似之言；扬都论者，恨其每病苦辛，饶贫寒气，不及刘孝绰之雍容也。虽然，刘甚忌之，平生诵何诗，常云：『「蘧车响北阙」，愔愔不道车。』又撰《诗苑》，止取何两篇，时人讥其不广。刘孝绰当时既有重名，无所与让；唯服谢朓，常以谢诗置几案间，动静辄讽味。简文爱陶渊明文，亦复如此。江南语曰：『梁有三何，子朗最多。』三何者，逊及思澄、子朗也。子朗信饶清

巧。思澄游庐山，每有佳篇，亦为冠绝。

【译文】何逊的诗真是清新奇巧，并且形象生动的语言很多，而扬都的评论者却批评他的诗总是太多深思，用心太苦，衰冷萧瑟之意太浓，没有刘孝绰的诗那样雍容闲和。尽管如此，刘孝绰还是很妒忌他，平时诵读他的诗句时，总是说：『「蘧车响北阙」，懔懔不道车。』后来他又撰写了《诗苑》，却只收录了何逊的两首诗，当时的人们都讥讽他心胸狭窄，不够大度。刘孝绰在当时已享有盛名，所以也并无谦让可言。他只佩服谢朓，常常把谢朓的诗放在几案上，动不动就讽诵玩味。梁简文帝因为喜欢陶渊明的诗，因此也常常像他这样做。江南有俗语说：『梁朝有三何，子朗才气最足。』『三何』指何逊、何思澄、何子朗。何子朗的诗也崇尚清新奇巧。何思澄登游庐山时也常有佳作问世，他在当时也是桂冠级的诗人。

【品读】诗人陆游曾作诗道：『文章本天成，妙手偶得之。』颜氏在本篇开篇就指出了写文章不同于做学问，他说学业上的迟钝者，只要多下工夫，仍能达到精熟的程度，但是写文章如果没有才气，无论怎样精心致力，终究难免流于鄙俗。所以说，如果没有天赋和才气，还是不要去写文章为好。

他还指出撰写文章，就像人骑着骏马，虽很飘逸潇洒但还是要勒紧缰绳，不可纵意而行，以免偏离正道，乃至坠入沟坑。也就是说写文章要守章法，不可放任自流。这既是为文之道，也是为人之道。同时，颜氏更加重视文章的思想性，他主张文章当以思想性为第一，艺术性为第二，这是难能可贵的。当代大学者钱钟书对颜氏的文论推崇备至，称其『论文甚精』，『深解著作义法』，其高明之处，远非那些『徒能命笔，不识体要』的人所能比拟。

曾国藩也很注重加强对子弟的作文方面的培养。他曾不止一次在给儿子的家书中提到写文章的诸多

事宜。在给儿子纪泽的信中，他指出做文章要模仿古人的风格和间架。比如《诗经》造句的方法，没有一句话是无原本的，而《左传》里的文句，多数是现成的句调。扬子云被称为汉代的文宗，而他的《太玄》模仿《易》，《法言》模仿《论语》，《方言》模仿《尔雅》，《十二箴》模仿《虞箴》，《长杨赋》模仿《难蜀父老》，《解嘲》模仿《客难》，《甘泉赋》模仿《大人赋》，《剧秦美新》模仿《封禅文》，《谏不许单于朝书》模仿《国策·信陵君谏伐韩》，几乎每篇文章都是模仿前任而来的。即使是韩、欧、曾、苏各位文坛巨星的文章，也都有模仿的痕迹，这种模仿的写法已成为一种特定的体裁。因此他希望儿子以后做文章做诗赋，都应该用心模仿，不过间架可自成一体，这样收到的效果比较快，入门也更显容易。颜氏也提醒子孙，做文章要学会取长补短，即以古人文章的体制格调为根本，以今人文章的文辞格调作为补充，做到二者并存，不可偏废。

曾国藩在给儿子纪泽的信中说：『文章的雄奇以行气为第一，造句为第二，选字为第三。可是绝对不会出现选字不古雅而句子会古雅的，句子不古雅而行气会古雅的情况；更不会出现选字不雄奇而句子能雄奇，句子不雄奇而行气能雄奇的情况。所以文章的雄奇，关键在行气，而行气又要靠造句选字的功夫来提升。古人的文章中，我最喜欢雄奇之作，其中昌黎第一，扬子云第二。二位先辈的行气，本来是由天意传授，非人力所为。而对于人和事的精当处，昌黎是在造句方面见长，而子云则是在选字上所下的工夫多一些。你还说叙事、志、传一类文章难于行气，其实并非如此。比如昌黎的《曹成王碑》《韩许公碑》，固然属于千奇万变的风格，是旁人无力效仿之作，即使是卢夫人的铭、女挐之志之类的文章，也一样显得雄奇崛强。你可以试着细读这四篇文章，就会知道这两大两小，每篇都具有雄奇的文风。』

关于『学贵专』的问题，曾国藩也有独到的见解。在给儿子的回信中写道：『韩愈缺少阴柔之美，而欧阳修缺少阳刚之美，更何况是其他人，怎能兼而有之呢？凡是说妄图兼采众长的人，最终几乎都是一无所长。』他还指出：『年少时的文章总是要以气象峥嵘为贵，就如同苏东坡所说的，如同锅上的蒸汽，

蓬蓬勃勃，气势汹涌。古文像贾谊的《治安策》、贾山的《至言》、太史公的《报任安书》、韩愈的《原道》、柳宗元的《封建伦》、苏东坡的《上神宗书》，八股文像黄陶庵、吕晚村、袁简斋、曹寅谷，墨卷像《墨选观止》、《乡墨精铭》中所造的两排三叠的文章，都具有最强盛的气势。你应该注重在气势上下工夫，而不能只局限于在揣摩上用功。你的习作大致上偶句较多而单句较少，段落较多而分股较少，其实也没必要总是拘泥于八股文的格式。作短文时，或者只有三五百字，长的或者八九百字、一千个字，都是可以的。虽然是「四书」题，或者引用后代的史事，或者议论当今的现实，也都是可行的。总之都要在气势上尽量舒展，笔力要用得强健，只有这样才不至于受到束缚，以致越来越拘泥、呆滞。」

曾国藩还在信中写道：「从古至今，无论什么样的文人，每当下笔造句之时，都是以「珠圆玉润」四个字为主。无论什么样的书法家，每当着手落笔之时，也以「珠圆玉润」四个字为主。所以我以前给你的信，专门用一个「重」字来纠正你的缺点，用一个「圆」字来督促你能学有所成。当代的人评论以前的文学家，都认为若论文章的圆润，辞藻华丽，都比不上徐陵、庾信，却不知道江淹、鲍照更圆润，进而有沈约、任　；再有潘岳、陆机；再追忆到东汉的班固、张衡、崔骃、蔡邕；进而追溯到西汉的贾谊、晁错、匡衡、刘向，这些人在文章的圆润方面也是很有造诣的。至于说司马迁、相如、子云三人力求文章险僻深奥，而不求圆润；但是如果细细读来，也并非如此。至于昌黎，他立志要超过子长、卿、云三人，文章别具一格，尽量避免圆润，但深深体味之后，却感觉到每一字、每一句都是圆润的。你学习古文，如果能从江、鲍、徐、庾的圆润学起，一步步向上学，一直到卿、云、马、韩，那么就不会有读不懂的古文，也就没有不通的经史了。」

他不仅给孩子讲解做文章的要旨及注意事项，还亲自修改指正孩子所做的文章。颜氏也告诫子孙写文章不能凭自我感觉判定优劣，要先请教亲朋好友，得到他们的评判，然后才决定是否可以公之于世，这样方不至于贻笑大方。

古人对做文章非常讲究，也因此留下了许多不朽的篇章。今天，写文章也是一个非常普遍的现象，出书的热潮愈演愈烈。文人出书、名人出书、普通人出书，但是真正本着以传播弘扬文化，对读者负责的态度的为数并不多。看看当今文化圈的现状，再看看古人对做文章的严谨态度，我们是否应该有所反思呢？长此以往，我们的后代耳濡目染的大多是今天这些没有内涵、缺少文采，有的甚至可以说是连文字都不通、纯粹是为了炒作而写的文章，那么我们的社会还能发展吗？